房地产项目
质量验收工作手册

宋森华　编著

中国电力出版社
CHINA ELECTRIC POWER PRESS

内 容 提 要

　　本书根据房地产项目质量验收的特点，分别从房地产项目涉及材料、园林绿化施工质量验收、地基与基础施工质量验收、结构工程施工质量验收、装饰装修施工质量验收、安全文明施工、全体系施工管理等几个方面对施工质量验收进行解析。首先从房地产行业概况进行讲解，其次介绍房地产各项目所涉及材料进行验收，最后对房地产各个分项工程施工验收细节进行详细的剖析，层级分明，可以快速帮助读者找到自身需要的知识点，从而节省时间、提高工作效率。

　　本书内容简明实用、图文并茂，适用性和实际操作性较强，可作为从事甲方地产工作人员、建筑工程现场安全管理人员、质量检查人员、相关技术人员的参考用书，也可作为企业培训和土木工程相关专业大中专院校师生的参考资料。

图书在版编目（CIP）数据

房地产项目质量验收工作手册 / 宋森华编著 ． —北京：中国电力出版社，2019.1
ISBN 978-7-5198-2507-2

　　Ⅰ．①房… Ⅱ．①宋… Ⅲ．①房地产业－建筑工程－工程质量－工程验收－手册
Ⅳ．① TU712.5-62

中国版本图书馆 CIP 数据核字（2018）第 236280 号

出版发行：中国电力出版社
地　　址：北京市东城区北京站西街 19 号（邮政编码 100005）
网　　址：http://www.cepp.sgcc.com.cn
责任编辑：乐　苑　（010-63412380）
责任校对：王小鹏
责任印制：杨晓东

印　　刷：北京雁林吉兆印刷有限公司
版　　次：2019 年 1 月第 1 版
印　　次：2019 年 1 月北京第 1 次印刷
开　　本：787mm×1092mm　16 开本
印　　张：12.75
字　　数：248 千字
定　　价：58.00 元

前　言

随着我国建筑行业的快速发展，建筑业已成为我国国民经济五大支柱产业之一。近几年随着房地产行业的不断发展与进步，兴起了大批的房地产公司、然而这些公司的管理人员水平也是参差不齐的，有些不能够做到既好又快地完成本职工作，有些则不能，当这些房地产企业的管理人员意识到自身存在的不足以后，就想着快速提高自身的职业技能。

本书在基础内容讲解过程中，对房地产行业做个综合性质的概述（包括行业性质与要求、甲方日常工作内容、工作需掌握的要点、哪些节点性施工验收需要甲方人员配合等）；对施工所用到材料进行质量验收操作讲解，列举小区绿化、结构施工、室内装修等分项工程中常用材料，运用图解的方式告知甲方验收人员如何对材料进行正确的验收；各分项施工讲解过程中，根据施工技术要求和质量验收规范等内容对质量验收操作施工进行详细讲解，重点内容讲解过程中配以相关的现场照片（质量验收细节等要求直接在图中进行拉线标注），对质量验收步骤、质量验收操作内容等进行整理，这种标题突出，简洁明了的内容编排形式，也便于读者更好地提高自身的专业技能和找到自己所需要的内容；最后对甲方工作人员日常的项目管理工作的内容进行讲解（如何组织本单位管理、如何与其他单位协调和管理）。

参与本书编写的人有刘向宇、安平、陈建华、陈宏、蔡志宏、邓毅丰、邓丽娜、黄肖、黄华、何志勇、郝鹏、李卫、林艳云、李广、李锋、李保华、刘团团、李小丽、李四磊、刘杰、刘彦萍、刘伟、刘全、梁越、马元、孙银青、王军、王力宇、王广洋、许静、谢永亮、肖冠军、于兆山、张志贵、张蕾等。

本书在编写过程中参考了有关文献和一些项目施工管理经验性文件，并且得到了许多专家和相关单位的关心与大力支持，在此表示衷心的感谢。

尽管编者尽心尽力，反复推敲核实，但由于编写时间和水平有限，难免有疏漏及不妥之处，恳请广大读者批评指正，以便做进一步的修改和完善。

编　者

2018 年 9 月

目　　录

第一章　房地产行业综述

第一节　房地产项目参建各单位的职能

一、建设单位（甲方）的职能

（1）负责建设用地申请、选址规划意见的报批工作。

（2）负责委托具有相应资质的咨询单位编制可行性研究报告；负责组织并邀请相关专家（或相关部门）对建设项目的可行性研究报告进行论证。形成论证报告。

（3）负责提供委托勘察设计所需的基础资料及建设要求；负责征地搬迁、三通一平等工作。

（4）负责勘察设计合同的签订；提出设计优化深化意见；组织图纸会审工作。

（5）负责编制勘察设计、监理、施工、设备材料等的招投标技术文件；主持施工及设备资料的招标工作；负责组织设计、监理、施工、设备材料采购等合同谈判与签订工作。

（6）负责办理建设工程施工许可证、开工报告等开工手续。

（7）负责设计文件发放，组织设计单位向建设、监理、施工及有关单位进行技术交底。

（8）负责委托监理工程中监理质量的监管与考核；负责自管工程的全部管理工作。

（9）负责统计、汇总、报告完成的工程量和工程进度；组织、协调、解决项目实施过程中出现的问题；做好工程质量、进度和造价控制；督促施工单位最后安全生产工作；组织或参与对重大工程质量、安全事故的调查、报告和处理。

（10）负责办理工程价款支付；审验核准现场各类签证变更资料。

（11）负责建设项目竣工验收准备工作，向工程管理处提出竣工验收申请报告；审查和报送竣工结算资料。

（12）负责建设工程项目文件、资料的收集、整理、保管、立卷和归档等工作。

二、施工单位的职能

（1）施工单位做好施工前的准备工作，具体内容如下。

1）负责施工区域的临时道路、临时设施及水电管线的铺设、管理、使用和维修工作。

2）组织施工管理人员、材料和施工机械进场。

3）编制施工组织设计或施工方案、施工预算、施工进度计划、材料设备、成品、半成品等进场计划。

（2）施工单位必须严格按照施工图纸、说明文件和国家颁布的建筑工程规范、规程和标准进行施工，并接受发包方派驻的现场代表的监督。

（3）施工单位在施工过程中必须遵守下列规定。

1）由承包方提供的主要原材料、设备、构配件、半成品必须按有关规定提供质量合格证或进行验收合格后方可用于过程。

2）对材料改变或代用必须经原设计单位同意并发正式书面通知和发包方派驻代表签字后，方可用于工程。

3）隐蔽工程必须经监理单位检查、验收确认后，方可进行下一道工序。

4）承包方应按质量验评标准对工程进行分项、分部和单位工程质量进行评定，并及时将单位工程质量评定结果送发包方和质量监督站。单位工程结构完工时，应会同发包方、质量监督站进行结构中间验收。

5）承包方在施工中发生质量事故，应及时报告发包方派驻代表和当地建筑工程质量监督站。

6）工程竣工后，承包方按规定对工程实行保修。保修时间自通过竣工验收之日起算。

（4）发包方交付的设计图纸、说明和有关技术资料，作为施工的有效证据，开工前由发包方组织设计交底和图纸会审做出会审纪要，作为施工的补充依据，承、发包方均不得擅自修改。

（5）施工中如发现设计有错误或严重不合理的地方，承包方及时以书面形式通知发包方，由发包方及时会同设计及有关单位研究确定修改意见或变更设计文件，承包方按修改或变更的设计文件进行施工。

（6）承包方在保证工程质量和不降低设计标准的前提下，可以提出修改设计、修改工艺的合理化建议，经发包方、设计单位或有关技术部门同意后采用实施，节约的价值按国家规定分配。

（7）发包方如需变更设计，必须由原设计单位做出正式修改通知书和修改图纸，承包方才可予实施。

（8）在规定的保修期间内，凡因施工造成的质量事故和质量缺陷由承包方无偿维修。

三、监理单位的职能

（1）工程监理单位应当依照法律、法规以及有关技术标准、建设工程监理规范、设计文件和建设工程承包合同，代表建设单位对施工质量实施监理，并对施工质量承担监理责任。

（2）监理单位应依据监理合同组织监理组成员进驻施工现场和配备需要的检测设备和工具。

（3）工程使用或者安装建筑材料、建筑物配件、设备必须得到监理工程师的签字认可，单位工程的验收、隐蔽工程的验收、工程款的支付及竣工验收须得到监理工程师的签字认可。

（4）监理工程师应当按照工程监理规范，采取旁站、巡视和平行检验等形式，实施监理。

（5）项目监理机构必须遵守国家有关的法律、法规及技术标准；全面履行监理合同。控制工程质量、造价和进度，管理建设工程相关合同，协调工程建设有关各方关系；做好各类监理资料的管理工作，监理工作结束后，向监理单位或相关部门提交完整的监理档案资料。

（6）监理单位应对项目监理机构的工作进行考核，指导项目监理机构有效地开展监理工作。项目监理机构应在完成监理合同约定的监理工作后撤离现场。

（7）监理单位负责在工程监理期间所发生的一切安全事故，如因监理单位原因造成的安全事故由监理人自行负责。

（8）监理单位不按照委托监理合同的约定履行监理义务，对应当监督检查的项目不检查或者不按照规定检查，给建设单位造成损失的，应当承担相应的赔偿责任。工程监理单位与承包单位串通，为承包单位谋取非法利益，给建设单位造成损失的，应当与承包单位承担连带赔偿责任。

四、专业分包单位的职能

（1）分包单位的项目经理是安全生产管理工作的第一责任人，必须认真贯彻执行总包的有关规定、标准和总包的有关决定和指示，按总包的要求组织施工。

（2）建立健全安全保障体系。根据安全生产组织标准设置安全结构，配备安全检查人员，每50人要配备1名专职安全员，不足50人的要设兼职安全员。并接受工程项目安全部门的业务管理。

（3）分包单位在编制分包项目或单项作业的施工方案或冬雨期方案措施时，必须同时编制安全消防技术措施，经总包单位审批后方可实施，如改变原方案必须重新报批。

（4）分包单位必须执行逐级安全技术交底制度和班、组长前安全讲话制度，并跟踪检查管理。

（5）分包必须按规定执行安全防护设施、设备验收制度并履行局部验收手续，建档存查。

（6）分包单位必须接受总承包单位及其上级主管部门的各种安全检查并接受奖罚。在生产安全例会上应先检查、汇报安全生产情况。在施工生产过程中切实把好安全教育、检查、交底、防护、文明、验收等七关。

（7）强化安全教育，除对全体施工人员进行经常性的安全教育外，对新入场人员进行三级安全教育培训，做到持证上岗，同时要检查转场和调换工种的安全教育；特种作业人员必须经过专业安全技术培训考核，持有效证件上岗。

（8）分包单位必须按照总包单位的要求实行重点劳动保护用品定点厂家产品采购、使用制度，对个人劳动保护用品实行定期、定量供应制并严格按规定要求佩戴。

（9）对安全管理纰漏多，施工现场管理混乱的分包单位除进行罚款处理外，对问题严重、屡禁不止甚至不服从管理的分包单位，予以解除经济合同。

第二节　房地产单位工作人员的工作日常

一、甲方工作人员的工作性质与内容

甲方工作人员的工作性质与内容，各单位的要求不完全相同，工程项目有监理单位的，甲方工作人员的工作就轻松一些，否则工作就很繁杂，也很累。甲方工作人员的工作内容包括：工程开工前的工作内容、工程施工中的工作内容、工程竣工后的工作内容。

1. 工程开工前的工作内容

（1）参与工程前期的筹备及各项手续的准备、申报、审批工作。

（2）组织或参加工程的招投标工作，确定施工、监理等单位并签订相关合同。

（3）组织落实合同中规定的开工前甲方应做的准备工作，如施工图等文件资料的分发、三通一平、监理人员的食宿安排等。

（4）主持召开第一次现场工程例会（以后的例会可由监理方主持）及开工前的设计交底会议。

2. 工程施工中的工作内容

（1）检查工程质量，会同有关方处理工程质量事故及设计变更等。

（2）组织按合同约定由甲方提供的建筑材料、设备等的订货、催货、到货后的现场验收、移交等工作。

（3）会同有关方商定对工程使用功能和装饰效果有影响的建筑材料（如面砖、地砖、灯饰、卫生器具等）的质量、花色、品种等，以及样板间质量的确认等。

（4）负责与工程有关的外部单位和人员（如政府部门、水电供应单位、街道居民等）的联系，协调各方的关系，解决纠纷、处理矛盾等。

（5）接受并接待工程主管部门组织的各项工程检查，准备与甲方有关的资料，必要时进行汇报。

（6）按合同约定的时间和方式，参加已完成工程量的计量审核工作，审定工作量并报领导批准，拨付工程进度款。

（7）处理工程中一些意想不到的突发事件。

（8）参加工程初步质量验收，合格后组织正式竣工验收。

3. 工程竣工后的工作内容

（1）督促检查施工单位对工程验收中提出的问题进行处理，对暂时不能处理的问题商定处理时间和验收办法，必要时签订书面协议。

（2）会同有关方进行工程结算工作，按合同约定的方式结算工程款。

（3）收集整理有关资料，上报主管部门，进行工程竣工备案工作。

（4）在工程保修期内，负责与监理及施工单位联系，处理有关问题。

二、甲方工作人员的基本职责

（1）协助办理工程前期各项手续，参与投标队伍的考察、选择。参与招标文件的起草、工程招标、施工合同的签订工作。

（2）熟悉施工图纸，组织图纸会审和技术交底，对图纸中存在的问题和建议及时向分管领导汇报，会同相关部门共同解决。

（3）落实三通一平，组织施工单位进场，协调施工现场内外部关系。

（4）检查承建单位建立健全质量管理体系，审核施工方案和施工方法。加强对工程现场的巡视和监督检查，及时对违章操作现象进行纠正，做好工序交接检查和隐蔽工程的检查验收工作。

（5）审核承建单位提交的甲供材料计划。对进场材料、设备按设计要求及相关规范进行检查验收，确保进场材料、设备质量。

（6）对承建单位编制的总进度计划中所采取的具体措施、进度控制方法、进度目标实现的可能性及风险分析进行检查论证，并在实施过程中控制执行，保证合同工期的实现。

（7）明确投资控制的重点，预测工程风险及可能发生索赔的诱因，制定防范措施，减少索赔的发生。对索赔发生的原因进行分析、论证，明确责任。

（8）加强对施工现场安全生产和文明施工的管理，对存在的安全隐患及违章作业及时纠正。

（9）协助分管领导、职能科室对设计变更的统一管理。对涉及投资的变更，重视多方案选择。

（10）配合审计部门，完成对工程项目的结算审计工作。及时做好变更工程量的计量，真实、完整地提供审计资料。

（11）组织工程验收，协助办理工程竣工资料移交和备案工作。

（12）做好竣工工程使用回访工作，对存在质量问题的工程，协调承建单位及时返修。

第二章　房地产项目涉及主要材料验收

第一节　地基与基础常用材料验收

一、地基与基础常用水泥质量验收

地基与技术施工中常用的水泥，一般就是用硅酸盐水泥和普通硅酸盐水泥，作为基础建材，市面上水泥的价格相对比较透明，例如强度等级为 32.5 级的普通硅酸盐水泥，一袋是 20 元左右。水泥强度等级越高，价格也相应越高。

验收细节：（1）看水泥的包装是否完好，标识是否完全。正规水泥包装袋上的标识有：工厂名称，生产许可证编号，水泥名称，注册商标，品种（包括品种代号），强度等级（标号），包装年、月、日和编号。

（2）用手指捻一下水泥粉，如果感觉到有少许细、砂、粉，则表明水泥细度是正常的。

图 2-1　基础施工中常用的水泥

甲方工作人员验收要点如下。

（1）看水泥的色泽是否为深灰色或深绿色，如果色泽发黄（熟料是生烧料）、发白（矿渣掺量过多）的水泥强度一般比较低。

（2）水泥也是有保质期的。一般而言，超过出厂日期 30 天的水泥，其强度将有所下降。储存 3 个月后的水泥，其强度会下降 10% ～ 20%，6 个月后会降低 15% ～ 30%，一年后会降低 25% ～ 40%。正常的水泥应无受潮结块现象，优质水泥在 6h 左右即可凝固，超过 12h 仍不能凝固的水泥质量则不合格。

在对水泥进行验收的过程中，应对水泥的主要技术指标和不同龄期水泥的强度规范要求格外重视，具体内容见表 2-1 和表 2-2。

表 2-1 水泥主要技术指标

技术指标	性能要求
细度：水泥颗粒的粗细程度	颗粒越细，硬化得越快，早期强度也越高。硅酸盐水泥和普通硅酸盐水泥细度以比表面积表示，不小于 $300m^2/kg$
凝结时间：①从加水搅拌到开始凝结所需的时间称初凝时间；②从加水搅拌到凝结完成所需的时间称终凝时间	硅酸盐水泥初凝时间不小于 45min，终凝时间不大于 6.5h；普通硅酸盐水泥初凝时间不小于 45min，终凝时间不大于 6h
体积安定性：指水泥在硬化过程中体积变化的均匀性能	水泥中含杂质较多，会产生不均匀变形
强度：指水泥胶砂硬化后所能承受外力破坏的能力	不同品种不同强度等级的通用硅酸盐水泥，其不同龄期的强度应符合表 2-2 的规定。一般而言，自建小别墅选择强度等级为 32.5 级的水泥就可以了

表 2-2 不同龄期水泥的强度规范要求

品种	强度等级	抗压强度 /MPa		抗折强度 /MPa	
		3d	28d	3d	28d
硅酸盐水泥	42.5	≥ 17.0	≥ 42.5	≥ 3.5	≥ 6.5
	42.5R	≥ 22.0		≥ 4.0	
	52.5	≥ 23.0	≥ 52.5	≥ 4.0	≥ 7.0
	52.5R	≥ 27.0		≥ 5.0	
	62.5	≥ 28.0	≥ 62.5	≥ 5.0	≥ 8.0
	62.5R	≥ 32.0		≥ 5.5	
普遍硅酸盐水泥	42.5	≥ 17.0	≥ 42.5	≥ 3.5	≥ 6.5
	42.5R	≥ 22.0		≥ 4.0	
	52.5	≥ 23.0	≥ 52.5	≥ 4.0	≥ 7.0
	52.5R	≥ 27.0		≥ 5.0	

二、地基与基础常用砂石质量验收

1. 建筑用砂的种类

建筑用砂的种类包括天然砂和人工砂。

（1）天然砂是由自然风化、水流搬运和分选、堆积形成的、粒径小于 4.75mm 的岩石颗粒，包括河砂、湖砂、山砂、淡化海砂，但不包括软质岩、风化岩石的颗粒。

（2）人工砂是经除土处理的机制砂和混合砂的统称。机制砂是由机械破碎、筛分制成的，粒径小于 4.75mm 的岩石颗粒，但是不包括软质岩、风化岩石的颗粒。混合砂则是由机制砂和天然砂混合制成的建筑用砂。

2. 建筑用砂质量验收

建筑用砂（见图2-2）类别的划分涉及的因素较多，包含颗粒级配、含泥量、含石粉量、有害物质含量（指对混凝土强度的不良影响）、坚固性指标、压碎指标六个方面。对于普通业主来说，很多因素是很难了解的，一般我们可以大概地去辨别：类别低的砂看着更细一些，清洁程度也要差一点，当然，石粉含量、有害物质等也会相对多一些，最后拌和的混凝土强度等级也会低一点。

验收细节： 砂表观密度、堆积密度、空隙率应符合如下规定。

（1）表观密度大于2500kg/m³；

（2）松散堆积密度大于1350kg/m³；

（3）空隙率小于47%。

图 2-2　建筑用砂

挑选砂石料时，要注意砂石料中不宜混有草根、树叶、树枝、塑料品、煤块、炉渣等有害物质。对于预应力混凝土、接触水体或潮湿条件下的混凝土所用砂，其氯化物含量应小于0.03%。

甲方工作人员验收要点：在选择砂的时候，首先要清楚是用来做什么，如果是搅拌混凝土就选中粗砂，如果是用来装饰抹面，就选相对细的砂。然后看里面是否有其他杂质、砂的颗粒是否饱满、均匀，是否有一些风化的砂。至于是选天然砂石还是机制砂石主要受制于当地的自然环境，一般以更经济的作为首选。甲方工作人员验收时应按表2-3和表2-4所示进行验收。

表 2-3　　　　　　　　　　　　　　建筑用砂的规格及参数　　　　　　　　　　　　　　mm

类别	细度模数	应用范围
细砂	1.6 ～ 2.2	常用抹面
中砂	2.3 ～ 3.0	混凝土配置
粗砂	3.1 ～ 3.6	混凝土配置

表 2-4　　　　　　　　　　　　　　不同种类砂的适用范围

类别	适用范围
Ⅰ类	宜用于强度等级大于C60的混凝土
Ⅱ类	宜用于强度等级为C30 ～ C60以及有抗冻、抗渗或其他要求的混凝土
Ⅲ类	宜用于强度等级小于C30的混凝土和建筑砂浆

三、地基与基础常用石灰质量验收

石灰在基础施工中是用途比较广泛的建筑材料，在实际生产中，由于石灰石原料的尺寸大或煅烧时窑中温度分布不匀等，石灰中常含有欠火石灰和过火石灰。欠火石灰中的碳酸钙未完全分解，使用时缺乏黏结力。过火石灰结构密实，表面常包覆一层熔融物，熟化很慢。生石灰（见图2-3）呈白色或灰色块状，为便于使用，块状生石灰常需加工成生石灰粉、消石灰粉或石灰膏。

验收细节： ① 生石灰粉是由块状生石灰磨细得到的细粉。

② 消石灰粉是块状生石灰用适量水熟化而得到的粉末，又称熟石灰。

③ 石灰膏是块状生石灰用较多的水（约为生石灰体积的 3～4 倍）熟化而得到的膏状物，也称石灰浆。

图 2-3　基础施工中常用生石灰

甲方工作人员验收要点如下。

（1）表面不光滑、毛糙。表面光滑有反光，轮廓清楚的为石头，一般都是没有烧好。

（2）同样体积的石灰，烧得好的较轻，没烧好的石块沉，轮廓清楚如毛刺。

（3）好的石灰化水时全部化光，没有杂质，也没有石块等沉淀物。

四、地基与基础常用管道质量验收

现在市面上的管道材质五花八门，各种材质、型号、功能往往让人眼花缭乱。要想选对、选好基础用管道，就得先了解管道的种类，以及用在什么地方。以下是几种地基与基础常用管道。

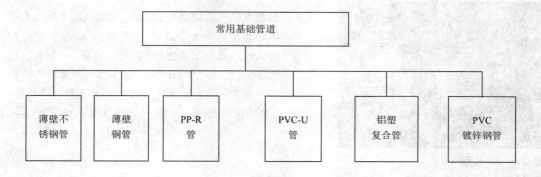

1. 薄壁不锈钢管

基础施工中的常用薄壁不锈钢管，如图 2-4 所示。

验收细节：最常见的一种基础管材，耐腐蚀、不易氧化生锈、抗腐蚀性强、使用安全可靠、抗冲击性强、热传导率相对较低。但不锈钢管的价格目前相对较高，另在选择使用时应注意选择耐水中氯离子的不锈钢型号。

图 2-4　薄壁不锈钢管

2. 薄壁铜管

基础施工中的常用薄壁铜管，如图 2-5 所示。

验收细节：住宅建筑中的铜管是指薄壁紫铜管。按有无包覆材料可分为裸铜管和塑覆铜管（管外壁覆有热挤塑料覆层，用以保护铜管和管道保温）。薄壁铜管具有较好的力学性能和良好的延展性，其管材坚硬、强度高，小管径的生产为拉制。

图 2-5　薄壁铜管

3. PP-R 管

基础施工中的常用 PP-R 管，如图 2-6 所示。

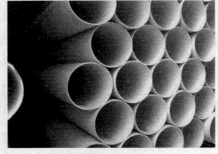

验收细节：①耐腐蚀、不易结垢，避免了镀锌钢管锈蚀结垢造成的二次污染；②耐热，可长期输送 70℃以下的热水；③保温性能好，20℃时的导热系数约为钢管的 1/200、紫铜管的 1/1400；④卫生、无毒，可以直接用于纯净水、饮用水管道系统；⑤重量轻，强度高，PP-R 管的密度一般为 0.89 ～ 0.91g/cm³，仅为钢管的 1/9、紫铜管的 1/10；⑥管材内壁光滑，不易结垢，管道内流体阻力小，远低于金属管道。

图 2-6　PP-R 管

4. PVC-U 管

基础施工中的常用 PVC-U 管，如图 2-7 所示。

验收细节：又称硬聚乙烯管，适合用在温度小于 45℃，压力小于 0.6MPa 的管道。PVC-U 管的化学稳定性好、耐腐蚀性强、使用卫生，对水质基本无污染。该管还具有导热系数小，不易结露，管材内壁光滑，水流阻力小，材质较轻，加工、运输、安装、维修方便等特点。但其强度较低、耐热性能差、不宜在阳光下暴晒。

图 2-7 PVC-U 管

5. 铝塑复合管

基础施工中的常用铝塑复合管，如图 2-8 所示。

验收细节：结构为塑料→胶黏剂→铝材，即内外层是聚乙烯塑料，中间层是铝材，经热熔共挤复合而成。铝塑复合管和其他塑料管道的最大区别是它集塑料与金属管的优点于一身，具有独特的优点：机械性能优越，耐压较高；采用交联工艺处理的交联聚乙烯（PEX）做的铝塑复合管，耐温较高，可以长期在 95℃ 高温下使用；能够阻隔气体的渗透且热膨胀系数低。

图 2-8 铝塑复合管

6. PVC 镀锌钢管

基础施工中常用 PVC 镀锌钢管，如图 2-9 所示。

验收细节：兼有金属管材强度大、刚性好和塑料管材耐腐蚀的优点，同时也克服了两类材料的缺点。PVC 镀锌钢管的优点是管件配套多、规格齐全。

图 2-9 PVC 镀锌钢管

甲方工作人员验收要点：甲方工作人员首先应对基础常用管道的外观、材质等进行检查，其次还要对具体细节进行严格的验收，具体内容见表 2-5。

表 2-5　　　　　　　　　　　　　基础常用管道细节验收

名　　称	主要内容
PP-R 管	（1）PP-R 管有冷水管和热水管之分，但无论是冷水管还是热水管，其材质是一样的，只是于管壁的厚度不同。 （2）一定要注意，目前市场上较普遍存在着管件、热水管用较好的原料，而冷水管却用 PP-B（嵌段共聚聚丙烯）冒充 PP-R 的情况。这类产品在生产时需要焊接不同的材料，因材质不同，焊接处极易出现断裂、脱焊、漏滴等情况，埋下各种隐患。 （3）选购时应注意管材上的标识，产品名称应为"冷热水用无规共聚聚丙烯管材"或"冷热水用 PP-R 管材"，并标明了该产品执行的国家标准。当发现产品被冠以其他名称或执行其他标准时，则尽量不要选购该产品
PVC-U 管	虽然 PVC-U 管价格较低廉，且对水质的影响很小，但当在生产过程中，加入不恰当的添加剂或含有其他不洁的残留物后，会从塑料向管壁迁移，并会不同程度地向水中析出，这也是该管道材料最大的缺陷
铝塑复合管	铝塑复合管有较好的保温性能，内外壁不易腐蚀，因内壁光滑，对流体阻力很小，又可随意弯曲，所以安装施工方便。铝塑复合管有足够的强度，可将其作为供水管道，若其横向受力太大，则会影响其强度，所以宜做明管施工或将其埋于墙体内，不宜埋入地下
PVC 镀锌钢管	这种复合管材也存在自身的缺点，例如材料用量多，管道内实际使用管径变小；在生产中需要增加复合成型工艺，其价格要比单一管材的价格稍高。此外，如黏合不牢固、环境或介质温度变化大时，容易产生离层导致管材质量下降

第二节　结构工程常用材料验收

一、主体结构常用钢筋质量验收

1. 钢筋的种类

钢筋种类很多，通常按轧制外形、直径大小、力学性能、生产工艺以及在结构中的用途进行分类。

（1）按轧制外形分类的主要内容见表 2-6。

表 2-6　　　　　　　　　　　　　按轧制外形分类的内容

名　　称	内　　容	图　　片
光面钢筋	Ⅰ级钢筋（HPB300 级钢筋）均轧制为光面圆形截面，供应形式为盘圆，直径不大于 10mm，长度为 6～12m	

续表

名　称	内　容	图　片
带肋钢筋	有螺旋形、人字形和月牙形三种，一般Ⅱ、Ⅲ级钢筋轧制成人字形，Ⅳ级钢筋轧制成螺旋形及月牙形	
钢线及钢绞线	钢线分低碳钢丝和碳素钢丝两种	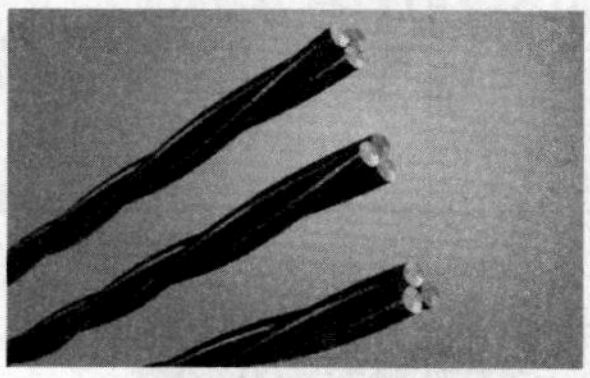
冷轧扭钢筋	经冷扎并冷扭成形的钢筋	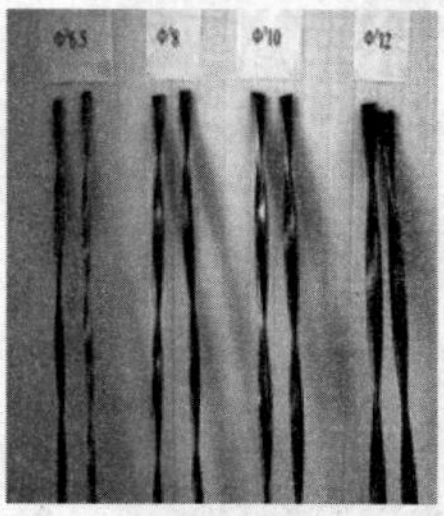

注　根据最新的国家规定,原来的Ⅰ级钢筋（HPB235）已经停止使用,但是在实际施工过程中,对于自建小别墅而言,高度和强度都不是很大,如果市面上还有这类钢筋,也可以使用,这样可以节省一部分的费用。

（2）按直径大小分为钢丝（直径 3～5mm）、细钢筋（直径 6～10mm）、粗钢筋（直径大于22mm）。对于自建小别墅而言，最常用的钢筋是细钢筋。

（3）按力学性能分为Ⅰ级钢筋（HPB300）、Ⅱ级钢筋（HRB335）、Ⅲ级钢筋（HRB400）、Ⅳ级钢筋（HRB500）。

（4）按生产工艺分为热轧、冷轧、冷拉的钢筋，还有以Ⅳ级钢筋经热处理而成的热处理钢筋，强度比前者更高。

（5）按在结构中的用途分为受压钢筋、受拉钢筋、架立钢筋、分布钢筋、箍筋等。

2. 快速对钢筋进行验收

若想快速对钢筋进行验收，就要知道什么是优质的钢筋、什么是劣质的钢筋，明确了这个概念以后才能快速、合理地对钢筋进行验收，其主要内容见表 2-7。

表 2-7   优质钢筋与劣质钢筋对比

识别内容	螺纹钢		线材	
	国标材	伪劣材	国标材	伪劣材
肉眼外观	颜色深蓝、均匀，两头断面整齐无裂纹。凸形月牙纹清晰，间距规整	有发红、发暗、结痂、夹杂现象，断端可能有裂纹、弯曲等。月牙纹细小不整齐	颜色深蓝、均匀，断面整齐无裂纹。高线只有两个断端。蓝色氧化皮屑少	有发红、发暗、结痂、夹杂现象，断端可能有裂纹、弯曲等。线材有多个断头。氧化屑较多
触摸手感	光滑、质沉重、圆度好	粗糙、明显不圆感（即有"起骨"的感觉）	光滑，无结疤与开裂等现象。圆度好	粗糙、有夹杂、结疤明显不圆感（起骨）
初步测量	直径与圆度符合国标	直径与圆度不符合国标	直径与圆度符合国标	直径与圆度符合国标
产品标牌	标牌清晰光洁，牌上钢号、重量、生产日期、厂址等标识清楚	多无标牌，或仅有简陋假牌	标牌清晰光洁，牌上钢号、重量、生产日期、厂址等标识清楚	多无标牌，或仅有简陋假牌
质量证明书	电脑打印、格式规范、内容完整（化学成分、机械性能、合同编号、检验印章等）	多无质量证明书，或作假，即质量证明书"复印件"	电脑打印、格式规范、内容完整（化学成分、机械性能、合同编号、检验印章等）	多无质量证明书，或作假，即所谓质量证明书"复印件"
销售授权	商家有厂家正式书面授权	商家说不清或不肯说明钢材来源	商家有厂家正式书面授权	商家说不清或者不肯说明钢材来源
理化检验	全部达标	全部或部分不达标	全部达标	全部或部分不达标
售后服务	质量承诺"三包"	不敢书面承诺	质量承诺"三包"	不敢书面承诺

注 1. 圆度是指钢材直径最大与最小值的比率。在没有相应测量工具的情况下，用手触摸也可感觉钢材的大概圆度情况，因为人手的触觉相当敏锐。

2. 质量证明书是钢材产品的"身份证"，购买时要查阅原件，然后索取复印件，同时盖经销商公章并妥善保管。注意有的伪劣产品的所谓"质量证明书"，是以大钢厂的质量证明书为蓝本用复印机等篡改而成的，细看不难发现字迹模糊、前后反差大、笔画粗细不同、字间前后不一致等破绽。

3. 钢筋调直，可用机械或人工调直。经调直后的钢筋不得有局部弯曲、死弯、小波浪形，其表面伤不应使钢筋截面减少 5%。

甲方工作人员验收要点如下。

（1）购进的钢筋应有出厂质量证明书或试验报告单，每捆或每盘钢筋均应有标牌。

（2）钢筋的外观检查：钢筋表面不得有裂缝、结疤、折叠或锈蚀现象；钢筋表面的凸块不得超过螺纹的高度；钢筋的外形尺寸应符合技术标准规定。

二、二次结构砌筑用砖质量验收

1. 承重墙用砖质量验收

承重墙是指在砌体结构中支撑着上部楼层重量的墙体，在图纸上标为黑色墙体，拆除会破坏整个建筑结构稳定。承重墙是经过科学计算的，如果在承重墙上打孔开洞，就会影响建筑结构稳定性，改变了建筑结构的体系。

能作为承重墙用砖（见图 2-10）的种类很多，有黏土砖、页岩砖、灰砂砖等。二次结构用砖一般用普通黏土砖。目前，国家严格限制普通黏土砖的使用，一些承重墙体改用页岩砖等材料。

图 2-10　承重墙用砖

甲方工作人员验收要点：承重墙用砖无论选择哪种砖，都必须满足所需要的强度等级。普通黏土砖按照抗压强度可以为 MU10、MU15、MU20、MU25 和 MU30 五个强度等级。普通黏土砖的标准尺寸是 240mm×115mm×53mm。

2. 非承重墙用砖的选择

其实"非承重墙"并非不承重，只是相对于承重墙而言，起到次要承重作用，但同时也是承重墙非常重要的支撑部位。非承重墙通常以黏土、工业废料或其他地方资源为主要原料，以不同工艺制造的、用于砌筑承重和非承重墙体的墙砖，所以又叫作砌墙砖（见图 2-11）。

图 2-11　砌墙砖

验收细节：用作砌筑非承重墙的砖按照生产工艺分为烧结砖和非烧结砖。经焙烧制成的砖为烧结砖；经碳化或蒸汽（压）养护硬化而成的砖属于非烧结砖。

按照孔洞率（砖上孔洞和槽的体积总和与按外尺寸算出的体积之比的百分率）的大小，砌墙砖分为实心砖、多孔砖和空心砖。实心砖是没有孔洞或孔洞率小于 15% 的砖；孔洞率等于或大于 15%，孔的尺寸小而数量多的砖称为多孔砖；孔洞率等于或大于 15%，孔的尺寸大而数量少的砖称为空心砖。

非承重墙用砖的类型及每种砖的主要性能见表 2-8。

表 2-8 非承重墙用砖

名　　称	性　　能	图片
烧结普通砖	烧结普通砖是以黏土、页岩、煤矸石、粉煤灰为主要原料，经焙烧而成的普通砖。按主要原料分为烧结黏土砖、烧结页岩砖、烧结煤矸石砖和烧结粉煤灰砖	
烧结多孔砖	按主要原料分为黏土砖、页岩砖、煤矸石砖和粉煤灰砖。烧结多孔砖的孔洞垂直于大面，砌筑时要求孔洞方向垂直于承压面。因为它的强度较高，主要用于建筑物的承重部位	
烧结空心砖	由两两相对的顶面、大面及条面组成直角六面体，在烧结空心砖的中部开设有至少两个均匀排列的条孔，条孔之间由肋相隔，条孔与大面、条面平行，其间为外壁，条孔的两开口分别位于两顶面上，在所述的条孔与条面之间分别开设有若干孔径较小的边排孔，边排孔与其相邻的边排孔或相邻的条孔之间为肋。空心砖结构简单，制作方便；砌筑墙体后，能确保在这种墙面上的串点吊挂的承载能力，适用于非承重部位做墙体围护材料	
蒸压灰砂砖	蒸压灰砂砖以适当比例的石灰和石英砂、砂或细砂岩，经磨细、加水拌和、半干法压制成型并经蒸压养护而成，是替代烧结黏土砖的产品	
粉煤灰砖	蒸压（养）粉煤灰砖是以粉煤灰和石灰为主要原料，掺入适量的石膏和骨料，经坯料制备、压制成型、高压或常压蒸汽养护制成。其颜色呈深灰色。粉煤灰砖的标准尺寸与普通黏土砖一样，强度等级分为 MU7.5、MU10、MU15、MU20 四个等级。优等品的强度级别应不低于 MU15 级，一等品的强度级别应不低于 MU10 级	
炉渣砖	炉渣砖是以煤渣为主要原料，加入适量石灰、石膏等材料，经混合、压制成型、蒸汽或蒸压养护而制成的实心砖。颜色呈黑灰色。其标准尺寸与普通黏土砖一样，强度等级与灰砂砖相同	

甲方工作人员验收要点：甲方工作人员在对非承重墙进行验收时，首先应观察砖的外观质量，其次应对出厂合格证等资料进行验收，最后还应根据每种砖的不同特性进行验收、具体内容见表 2-9。

表 2-9 几种非承重墙用砖质量验收

名 称	验收内容
烧结普通砖	（1）烧结普通砖具有较高的强度、较好的绝热性、隔声性、耐久性及价格低廉等优点，加之原料广泛、工艺简单，所以是应用历史最久，应用范围最为广泛的墙体材料。另外，烧结普通砖也可用来砌筑柱、拱、烟囱、地面及基础等，还可与轻骨料混凝土、加气混凝土、岩棉等复合砌筑成各种轻质墙体，在砌体中配置适当的钢筋或钢丝网，也可制作柱、过梁等，代替钢筋混凝土柱、过梁使用。 （2）烧结普通砖的缺点是生产能耗高、砖的自重大、尺寸小、施工效率低、抗震性能差等，尤其是黏土实心砖大量毁坏土地、破坏生态。从节约黏土资源及利用工业废渣等方面考虑，提倡大力发展非黏土砖。所以，我国正大力推广墙体材料改革，以空心砖、工业废渣砖、砌块及轻质板材等新型墙体材料代替黏土实心砖，已成为不可逆转的趋势
烧结多孔砖和烧结空心砖	烧结多孔砖、烧结空心砖与烧结普通砖相比，具有很多的优点。使用这些砖可使建筑物自重减轻 1/3 左右，节约黏土 20%～30%，节省燃料 10%～20%，且烧成率高，造价降低 20%，施工效率可提高 40%，并能改善砖的绝热和隔声性能，在相同的热工性能要求下，用空心砖砌筑的墙体厚度可减薄半砖左右
蒸压灰砂砖	（1）蒸压灰砂砖的外形为直角六面体，标准尺寸与普通黏土砖一样。根据抗压强度和抗折强度分为 MU10、MU15、MU20、MU25 四个强度等级； （2）蒸压灰砂砖材质均匀密实，尺寸偏差小，外形光洁整齐。MU15 及其以上的灰砂砖可用于基础及其他建筑部位；MU10 的灰砂砖仅可用于防潮层以上的建筑部位。由于灰砂砖中的某些水化产物（氢氧化钙、碳酸钙等）不耐酸，也不耐热，因此不得用于长期受热 200℃ 以上、受骤冷骤热和有酸性介质侵蚀的建筑部位，也不宜用于有流水冲刷的部位
粉煤灰砖	粉煤灰砖可用于墙体和基础，但用于基础或易受冻融和干湿交替作用的部位时，必须使用一等品和优等品。粉煤灰砖不得用于长期受热 200℃ 以上、受骤冷骤热和有酸性介质侵蚀的建筑部位。为避免或减少收缩裂缝的产生，用粉煤灰砖砌筑的建筑物，应适当增设圈梁及伸缩缝
炉渣砖	炉渣砖也可以用于墙体和基础，但用于基础或用于易受冻融和干湿交替作用的部位必须使用 MU15 级及其以上的砖。炉渣砖同样不得用于长期受热 200℃ 以上、受骤冷骤热和有酸性介质侵蚀的建筑部位

3. 砌墙用砌块

砌块是形体大于砌墙砖的人造块材。砌块一般为直角六面体，也有各种异形的。砌块系列中主规格的长度、宽度或高度有一项或一项以上分别大于 365mm、240mm 或 115mm，但高度不大于长度或宽度的 6 倍，长度不超过高度的 3 倍。

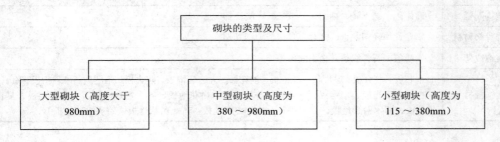

甲方工作人员验收要点：甲方工作人员对砌墙用砌块进行质量验收时，应参照表 2-10 的内容进行验收。

表 2-10　　　　　　　　　　　　　　砌墙用砌块质量验收

名　称	验收内容
普通混凝土小型空心砌块	适用于抗震设防烈度为 8 度及 8 度以下地区的建筑物的墙体。对用于承重墙和外墙的砌块，要求其干缩值小于 0.5mm/m，对于非承重或内墙用的砌块，其干缩值应小于 0.6mm/m
粉煤灰砌块	属于硅酸盐类制品，是以粉煤灰、石灰、石膏和骨料（炉渣、矿渣）等为原料，经配料、加水搅拌、振动成型、蒸汽养护而制成的密实砌块。 粉煤灰砌块的干缩值比水泥混凝土大，适用于墙体和基础，但不宜用于长期受高温和经常受潮湿的承重墙，也不宜用于有酸性介质侵蚀的部位
蒸压加气混凝土砌块	以钙质材料（水泥、石灰等）、硅质材料（砂、矿渣、粉煤灰等）以及加气剂（铝粉）等，经配料、搅拌、浇筑、发气、切割和蒸压养护而成的多孔砌块。 蒸压加气混凝土砌块质量轻，具有保温、隔热、隔声性能好、抗震性强、耐火性好、易于加工、施工方便等特点，是应用较多的轻质墙体材料之一。蒸压加气混凝土砌块适用于承重墙、间隔墙和填充墙，作为保温隔热材料也可用于复合墙板和屋面结构中。在无可靠的防护措施时，该类砌块不得用于水中、高湿度和有侵蚀介质的环境中，也不得用于建筑物的基础和温度长期高于 80℃的建筑部位
轻骨料混凝土小型空心砌块	由水泥、砂（轻砂或普砂）、轻粗骨料、水等经搅拌、成型而得。所用轻粗骨料有粉煤灰陶粒、黏土陶粒、页岩陶粒、膨胀珍珠岩、自然煤矸石轻骨料、煤渣等。其主规格尺寸为 390mm×190mm×190mm。砌块按强度等级分为 1.5、2.5、3.5、5.0、7.5、10 六个等级；按尺寸允许偏差和外观质量，分为一等品和合格品。 强度等级为 3.5 级以下的砌块主要用于保温墙体或非承重墙体，强度等级为 3.5 级及以上的砌块主要用于承重保温墙体

第三节　装饰装修工程常用材料验收

一、常用装饰材料的分类

常用装饰材料分类的主要内容见表 2-11。

表 2-11　　　　　　　　　　　　　　装饰材料分类

名　称	内　容
装饰石材	花岗石、大理石、人造石等
装饰陶瓷	通体砖、抛光砖、釉面砖、玻化砖、陶瓷锦砖等
装饰骨架材料	木龙骨、轻钢龙骨、铝合金骨架、塑钢骨架等
装饰线条	木线条、石膏线条、金属线条等
装饰板材	木芯板、胶合板、贴面板、纤维板、刨花板、人造装饰板、防火板、铝塑板、吊顶扣板、石膏板、矿棉板、阳光板、彩钢板、不锈钢装饰板、实木拼花地板、实木复合地板、人造板地板、复合强化地板、薄木敷贴地板、立木拼花地板、集成地板、竹质条状地板、竹质拼花地板等

续表

名　　称	内　　容
装饰塑料	塑料地板、铺地卷材、塑料地毯、塑料装饰板、墙纸、塑料门窗型材、塑料管材、模制品等
装饰纤维织品	地毯、墙布、窗帘、家具覆饰、床上用品、巾类织物、餐厨类纺织品、纤维工艺美术品等
装饰玻璃	平板玻璃、磨砂玻璃、压花玻璃、夹层玻璃、钢化玻璃、中空玻璃、雕花玻璃、玻璃砖、泡沫玻璃、镭射玻璃等
装饰涂料	清油清漆、厚漆、调和漆、硝基漆、防锈漆、乳胶漆、石质漆等
装饰五金配件	门锁拉手、铰链、滑轨道、开关插座面板等
管线材料	电线、铝塑复合管、PPR 给水管、PVC 排水管等
胶凝材料	水泥、白乳胶、地板胶、粉末壁纸胶、玻璃胶等
装饰灯具	吊灯、吸顶灯、筒灯、射灯、壁灯、软管灯带等
卫生洁具	洗面盆、抽水马桶、浴缸、淋浴房、水龙头、水槽等
电器设备	热水器、浴霸、抽油烟机、整体橱柜等

二、常用装饰材料选购技巧

　　装饰装修工程所涉及的材料品种繁多，但材料质量的优劣直接影响着家居装饰的效果和使用寿命。在选购装饰材料时要货比三家，应选择合格的品牌产品。几种常见的装饰材料选购技巧见表 2-12。

表 2-12　　　　　　　　　　　　　装饰材料选购技巧

材料名称	选购要点
饰面板	基层板好，饰面层厚度大于或等于 0.3mm，且均匀一致，块与块之间的拼接看不到缝隙，纹理、质地、色泽基本一致，不透底，无破损及划痕，环保达标
大芯板	双面面板完整、光滑、色质好、表面平整，无挡手感，无翘曲现象，芯板木方方正，拼接严实牢固，材质均为杉木，环保达标
夹板	表面平整、光滑、无破损、无补丁，层与层之间黏合牢固，每层厚度均匀一致，平放基本不翘曲，环保达标
石膏板	可锯、可刨、强度高，纸面不起泡，厚度均匀
防火板	厚度达到标准、颜色悦人、韧性好，不脆，高温不变形
木地板	尺寸一致，外形方正，材质好，拼口平整，漆面平整光滑、耐磨，无翘曲现象
线条	纹理、质地、色泽基本一致，外形方正、表面光滑、无变形、尺寸达标
瓷砖	尺寸一致，无色差；表面平整、无翘曲、无缺棱掉角，敲击时声音清脆、耐污力强、吸水率低、环保达标
洁具	表面光洁、颜色正、轻敲声音清脆，正规厂家生产有产品合格证、保修卡和国家技术监督部门的质检报告
五金件	表面光洁，手掂有沉重感，螺纹加工标准，能转动部位灵活，有产品合格证和保修卡

三、吊顶材料质量验收

1. 石膏板质量验收

石膏板（见图 2-12）是以建筑石膏为主要原料制成的一种材料。它是一种质量轻、强度较高、厚度较薄、加工方便以及隔声绝热和防火等性能较好的建筑材料，是当前着重发展的新型轻质板材之一。

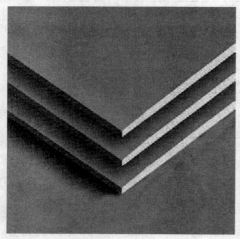

验收细节： 石膏板的检验报告有一些是委托检验，委托检验可以特别生产一批板材送去检验，并不能保证全部板材的质量都是合格的。还有一种检验方式是抽样检验，是不定期地对产品进行抽样检测，有这种报告的产品质量更具保证。

图 2-12　石膏板

甲方工作人员验收要点：甲方工作人员对石膏板进行验收时首先应检查石膏板的质量检验报告，其次还应对石膏板的外观等内容进行检查，具体内容见表 2-13。

表 2-13　　　　　　　　　　　　　石膏板质量验收

名　称	主要内容
看纸面	纸面好坏直接决定石膏板的质量，优质纸面石膏板的纸面轻且薄，强度高，表面光滑没有污渍，韧性好。劣质板材的纸面厚且重，强度差，表面可见污点，易碎裂
看石膏芯	高纯度的石膏芯主料为纯石膏，质量较差的石膏芯则含有很多有害物质，从外观看，好的石膏芯颜色发白，劣质的石膏芯发黄，颜色暗淡
看表面	用壁纸刀在石膏板的表面划一个"×"，从交叉的地方撕开表面，优质的纸层不会脱离石膏芯，而劣质的纸层可以撕下来，使石膏芯暴露出来
看质量	相同大小的板材，优质的纸面石膏板通常比劣质的要轻。可以将小块的板材泡到水中进行检测，相同的时间里，最快掉落水底的板材质量最差，浮在水面上的则质量较好

2. PVC 扣板质量验收

PVC 扣板（见图 2-13）是 PVC 扣板吊顶材料，是以聚氯乙烯树脂为基料，加入一定量抗老化剂、改性剂等助剂，经混炼、压延、真空吸塑等工艺而制成的。

图 2-13　PVC 扣板

甲方工作人员验收要点：甲方工作人员对 PVC 扣板进行验收时，首先应对合格指标进行询问，其次还应对外观、性能进行检查，具体内容见表 2-14。

表 2-14　　　　　　　　　　　　　PVC 扣板质量验收

名　　称	主　要　内　容
观察表面	外表要美观、平整，色彩图案要与装饰部位相协调。无裂缝、无磕碰、能装拆自如，表面有光泽、无划痕；用手敲击板面声音清脆
检查材料加工度	PVC 扣板的截面为蜂巢状网眼结构，两边有加工成型的企口和凹榫，挑选时要注意企口和凹榫完整平直，互相咬合顺畅，没有局部起伏和高度差现象
看韧性	用手折弯应不变形、富有弹性，用手敲击时表面声音清脆，说明韧性强，遇有一定压力不会下陷和变形
闻气味	如带有强烈刺激性气味则说明环保性能差，对身体有害，应选择正规品牌、刺激性气味小的产品

3. 集成吊顶质量验收

集成吊顶（见图 2-14）是 HUV 金属方板与电器的组合，分扣板、取暖、照明、换气四个模块。安装简单，布置灵活，维修方便，成为卫生间、厨房吊顶的主流材料。

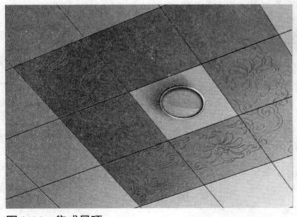

图 2-14　集成吊顶

甲方工作人员验收要点：甲方工作人员对集成吊顶进行验收时，应参照表 2-15 中的内容进行。

表 2-15　　　　　　　　　　集成吊顶质量验收

名　　称	主要内容
取暖模块	取暖模块主要有灯暖和风暖两种，市场上也有将灯暖和风暖相结合的。灯暖的品质优劣主要来自其取暖灯泡，优质取暖灯泡壁厚均匀、灯泡壁没有气泡，使用过程中遇冷水不会爆。风暖核心元件由散热片单元组合成，工作时散热片单元需通电，看单元之间是否有一条硅胶绝缘层是判断优劣的有效方法
换气模块	噪声和震动是换气模块在日常使用中主要遇到的问题，因此业主在选购时要重点看换气扇是否有减震结构或装置；换气扇优劣的另一个因素是箱体，优质箱体具有很好的色泽和弹性，能够承受70kg 以下重量，如果承受不了很可能是使用劣质原料生产的
吊顶扣板	扣板厚度并不是越厚越好，优质基材弹性大、强度高、声音清脆。环保性方面，最直接的方法是用鼻子闻，拿一块没有撕膜的扣板，撕掉一角，用鼻子闻一下，有刺鼻气味的肯定不是环保型的
吊顶辅材	业主在选择集成吊顶时，还需注意吊顶安装辅材的质量，最好选品牌产品

四、装饰板材质量验收

1. 细木工板质量验收

细木工板（见图 2-15）俗称大芯板，木芯板，木工板，是由两片单板中间胶压拼接木板而成。细木工板的两面胶粘单板的总厚度不得小于 3mm，属于胶合板。

验收细节： 细木工板的质量等级分为优等品、一等品和合格品，出厂前，会在每张板背右下角加盖不褪色的油墨标记，标明产品的类别、等级、生产厂代号、检验员代号；如发现特级、优选、特选等不规范的等级名称应注意分辨。

图 2-15　细木工板

甲方工作人员验收要点：甲方工作人员对细木工板进行验收时，应参照表 2-16 中的内容进行。

表 2-16　　　　　　　　　　　　　　　　细木工板质量验收

名　　称	主要内容
测质量	展开手掌，轻轻平抚细木工板板面，如感觉到有毛刺扎手，则表明质量不高；用双手将细木工板一侧抬起，上下抖动，倾听是否有木料拉伸断裂的声音，有则说明内部缝隙较大，空洞较多
闻味道	将鼻子贴近细木工板剖开截面处，闻一闻是否有强烈刺激性气味，带有强烈刺激性气味的产品不要购买
看检测报告	向商家索取细木工板检测报告和质量检验合格证等文件。目前，家庭装饰中只有 E0 级和 E1 级可以用在室内装饰。如果产品是 E2 级的细木工板，即使是合格产品，其甲醛含量也可能要超过 E1 级细木工板 3 倍多，所以绝对不能用于家庭装饰装修。 甲醛释放量 ≤ 0.5mg/L，符合 E0 级标准；甲醛释放量 ≤ 1.5mg/L，符合 E1 级标准

2. 防火板质量验收

防火板（见图 2-16）又名耐火板，学名为热固性树脂浸渍纸高压层积板，是表面装饰用耐火建材，有丰富的表面色彩，纹路以及特殊的物理性能。

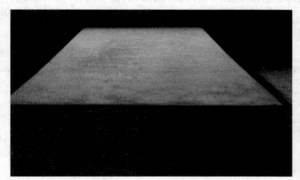

验收细节： 查看产品检测报告和燃烧等级。验收防火板的时候，注意查看防火板有无产品商标，行业检测的报告，产品出厂合格证等，如果没有，建议不要选购。仔细查看产品的检测报告，看产品各项性能指标是否合格，特别应注意查看检测报告中的产品燃烧等级，燃烧等级越高的产品耐火性越好。

图 2-16　防火板

甲方工作人员验收要点：甲方工作人员对防火板进行验收时，应参照表 2-17 中的内容进行验收。

表 2-17　　　　　　　　　　　　　　　　防火板质量验收

名　　称	主要内容
查看防火板产品外观	首先要看其整块板面颜色、肌理是否一致，有无色差，有无瑕疵，用手摸有没有凹凸不平或起泡的现象，优质防火板应该是图案清晰透彻、无色差、表面平整光滑、耐磨的产品
查看防火板产品厚度	防水板厚度一般为 0.6 ～ 1.2mm，一般的贴面可以选择 0.6 ～ 1mm 厚度。厚度达到标准且厚薄一致的是优质的防火板，因此选购的时候，最好亲自测量一下

3. 密度板质量验收

密度板（见图 2-17）全称为中密度纤维板，是以木质纤维或其他植物纤维为原料，经纤维制备，施加合成树脂，在加热加压的条件下，压制成的板材。

验收细节：根据国家标准，密度板按照其游离甲醛含量的多少可分为 E0 级、E1 级和 E2 级。E2 级甲醛释放量≤5mg/L；E1 级甲醛释放量≤1.5mg/L；E0 级甲醛释放量≤0.5mg/L。E1 级和 E2 级可直接用于室内装修。业主在选购密度板时，应尽量购买甲醛释放量低的商品，这类商品更安全。

图 2-17　密度板

甲方工作人员验收要点：甲方工作人员对密度板进行验收时，应参照表 2-18 中的内容进行验收。

表 2-18　　　　　　　　　　　密度板质量验收

名　　称	主要内容
看表面清洁度	密度板表面应无明显的颗粒。颗粒是压制过程中带入杂质造成的，不仅影响美观，而且容易使漆膜剥落
看表面光滑度	用手抚摸表面时应有光滑感觉，如感觉较涩则说明加工不到位
看表面平整度	密度板表面应光亮平整，如从侧面看表面不平整，则说明材料或涂料工艺有问题
看整体弹性	较硬的密度板一定是劣质产品

五、装饰石材质量验收

1. 天然大理石质量验收

天然大理石（见图 2-18）质地致密但硬度不大，容易加工、雕琢、磨平和抛光等。大理石抛光后光洁细腻，纹理自然流畅，有很高的装饰性。大理石吸水率小，耐久性高，可以使用 40～100 年。天然大理石板材及异型材物品是室内装饰及家具制作的重要材料。

验收细节：用硬币敲击大理石，声音较清脆的表示硬度高，内部密度也高，抗磨性较好；若是声音沉闷，表示硬度低或内部有裂痕，品质较差。

图 2-18　天然大理石

甲方工作人员验收要点：甲方工作人员对天然大理石进行验收时，应参照表2-19中的内容进行验收。

表 2-19　　　　　　　　　　　　天然大理石质量验收

名　　称	主要内容
看色调	色调基本一致、色差较小、花纹美观是大理石优良品质的具体表现，否则会严重影响装饰效果
看光泽度	优质大理石板材的抛光面应具有镜面一样的光泽，能清晰地映出景物
看纹路	大理石最吸引人的是其花纹，选购时要考虑纹路的整体性：纹路颗粒越细致，品质越佳；若表面有裂缝，则表示有破裂的风险

2. 人造石材质量验收

人造石材（见图2-19）是以不饱和聚酯树脂为黏结剂，配以天然大理石或方解石、白云石、硅砂、玻璃粉等无机物粉料，以及适量的阻燃剂、颜料等，经配料混合、瓷铸、振动压缩、挤压等方法成型固化制成的。与天然石材相比，人造石具有色彩艳丽、光洁度高、颜色均匀一致，抗压耐磨、韧性好、结构致密、坚固耐用、比重轻、不吸水、耐侵蚀风化、色差小、不褪色、放射性低等优点。

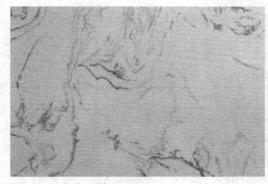

验收细节：可以选择有线条的两块大理石相互敲击，如果很容易就碎了，就是劣质的，如果不会，证明质量较好。

图 2-19　人造石材

甲方工作人员验收要点：甲方工作人员对人造石材进行验收时，应参照表2-20中的内容进行验收。

表 2-20　　　　　　　　　　　　人造石材质量验收

名　　称	主要内容
用眼睛看	一般质量好的人造石，其表面颜色比较清纯，板材背面不会出现细小的气孔
用鼻子闻	劣质的人造石会有明显的刺鼻化学气味，优质的则不会
用手摸	优质的人造石表面会有很明显的丝绸感，且表面非常平整，而劣质的则没有
用指甲划	相信很多人都试过这个方法，这也确实是一个比较有效的方法，优质的人造石，用指甲划，不会有明显的划痕

六、装饰地板质量验收

1. 实木地板质量验收

实木地板（见图2-20）是天然木材经烘干、加工后形成的地面装饰材料。又名原木地板，是用实木直接加工成的地板。它具有木材自然生长的纹理，是热的不良导体，具有冬暖夏凉的优点，脚感舒适，使用安全，是卧室、客厅、书房等地面装修的理想材料。

验收细节：测量地板的含水率。一般木地板的经销商应有含水率测定仪，如果没有，则说明对含水率这项技术指标不重视。验收时，先测展厅中选定的木地板含水率，然后再测未开包装的同材种、同规格的木地板的含水率，如果相差在2%以内，可认为合格。

图2-20 实木地板

甲方工作人员验收要点：甲方工作人员对实木地板材进行验收时，应参照表2-21中的内容进行验收。

表2-21　　　　　　　　　　　　　　　　实木地板质量验收

名　称	主要内容
注意板面、漆面质量	选购时关键看漆膜光洁度，有无气泡、漏漆以及耐磨度等
检查基材的缺陷	看地板是否有死节、活节、开裂、腐朽、菌变等缺陷。由于木地板是天然木制品，客观上存在色差和花纹不均匀的现象，不必过分苛求
识别木地板材种	有的厂家为促进销售，将木材冠以各式各样不符合木材学的美名，如樱桃木、花梨木、金不换、玉檀香等名称；更有甚者，以低档充高档木材，业主一定不要为名称所迷惑，应辨明材质，以免上当
确定合适的长度、宽度	实木地板并非越长越宽就越好。中短长度的地板不易变形；反之，长度、宽度过大的木地板相对容易变形

2. 实木复合地板质量验收

实木复合木地板（见图2-21）分为三层实木复合地板、多层实木复合地板和新型实木复合地板三种，由于它是由不同树种的板材交错层压而成，克服了实木地板单向同性的缺点，干缩湿胀率小，具有较好的尺寸稳定性，并保留了实木地板的自然木纹和舒适的脚感。

验收细节： 在验收时，还应注意实木复合地板的含水率，因为含水率是地板变形的主要因素。可向销售商索取产品质量报告等相关文件进行查询。

图 2-21　实木复合地板

甲方工作人员验收要点：甲方工作人员对实木复合地板进行验收时，应参照表 2-22 中的内容进行验收。

表 2-22　　　　　　　　　　　　　　实木复合地板质量验收

名　称	主要内容
注意板材	实木复合地板各层的板材都应为实木，而不像强化复合地板以中密度板为基材，两者无论在质感上，还是价格上都有很大区别
并不是板面越厚，质量越好	三层实木复合地板的面板厚度以 2 ～ 4 mm 为宜，多层实木复合地板的面板厚度以 0.3 ～ 2mm 为宜
看树种和花纹	实木复合地板的价格高低主要是由表层地板条的树种、花纹和色差来决定的。表层的树种材质越好、花纹越整齐、色差越小，价格越贵；反之，树种材质越差、色差越大、表面节疤越多，价格就越低
试拼	购买时最好挑几块试拼一下，观察地板是否有高低差，较好的实木复合地板规格尺寸的长、宽、厚应一致，试拼后，其榫、槽接合严密，手感平整，反之则会影响使用

七、装饰瓷砖质量验收

1. 抛光砖质量验收

抛光砖（见图 2-22）是通体砖坯体的表面经过打磨而成的一种光亮的砖，属通体砖的一种。相对通体砖而言，抛光砖表面要光洁得多。抛光砖坚硬耐磨，适合在洗手间、厨房等室内空间中使用。运用渗花技术，抛光砖可以做出各种仿石、仿木效果。

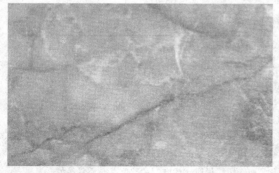

验收细节： 敲击瓷砖，若声音浑厚且回音绵长如敲击铜钟之声，则瓷化程度高，耐磨性强，抗折强度高，吸水率低，不易受污染，若声音混哑，则瓷化程度低（甚至存在裂纹），耐磨性差、抗折强度低，吸水率高，极易受污染。

图 2-22　抛光砖

甲方工作人员验收要点：甲方工作人员对抛光砖进行验收时，应参照表 2-23 中的内容进行验收。

表 2-23 抛光砖质量验收

名　　称	主要内容
看表面	主要是看抛光砖表面是否光泽亮丽，有无划痕、色斑、漏抛、漏磨、缺边、缺角等缺陷。查看底胚商标标记，正规厂家生产的产品底胚上都有清晰的产品商标标记，如果没有标记或者标记特别模糊，建议进行检验
试手感	同一规格产品，质量好，密度高的砖手感都比较沉，质量次的产品手感较轻

2. 釉面砖质量验收

釉面砖（见图 2-23）是砖的表面经过施釉高温高压烧制处理的瓷砖，这种瓷砖是由土胚和表面的釉面两个部分构成的，主体又分陶土和瓷土两种，陶土烧制出来的背面呈红色，瓷土烧制的背面呈灰白色。釉面砖表面可以做各种图案和花纹，比抛光砖的色彩和图案丰富，因为表面是釉料，所以耐磨性不如抛光砖。

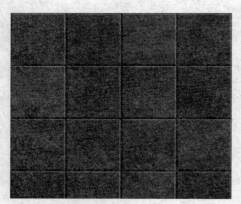

验收细节：相同规格和厚度的釉面砖，重量大的吸水率低，内在质量也较好，掂一掂重量即可知道。对产品有了一定了解后，再对产品的品牌、质量、价格、服务等方面进行综合比较后，最终进行验收。

图 2-23　釉面砖

甲方工作人员验收要点：甲方工作人员对釉面砖进行验收时，应参照表 2-24 中的内容进行验收。

表 2-24 釉面砖质量验收

名　　称	主要内容
查包装	检查外包装箱上是否有厂名、厂址以及产品名称、规格、等级、数量、商标、生产日期和执行的标准。检查有没有出厂合格证，产品有无破损，箱内所装产品的数量、质量是否与包装箱上的内容相一致
看釉面	看釉面砖表面是否平滑、细腻，光泽是否晶莹亮丽，亚光砖是否柔和舒适；看是否有明显的釉面缺陷，产品有无色差。有花纹的砖花色图案应清晰，没有明显的缺陷；看有没有参差不齐的现象；看砖的平整度是否良好
听声音	可以轻轻进行敲打，细听其声音，声音清脆说明砖体密度和硬度高，质量较好

3. 马赛克质量验收

玻璃马赛克（见图 2-24）是最安全的建材，它由天然矿物质和玻璃制成，质量轻、耐酸、耐碱、耐化学腐蚀，是很好的环保材料。它色彩很亮丽，设计成图形效果更佳。其梦幻般的色彩给人以干净、清晰的享受，可广泛应用于卫浴间及泳池，但由于其不耐磨，极少用于一般地面。

验收细节：吸水率低是保证马赛克持久耐用的要素，所以还要检验它的吸水率，把水滴到马赛克的背面，水滴往外溢的是质量比较好，往下渗透的质量比较差。

图 2-24 玻璃马赛克

甲方工作人员验收要点：甲方工作人员对马赛克进行验收时，应参照表 2-25 中的内容进行验收。

表 2-25 马赛克质量验收

名　　称	主要内容
看包装外观	每联玻璃马赛克都应印有商标及制造厂名。包装箱表面应印有名称、生产日期、色号、规格、数量和重量（毛重、净重），并应印有防潮、易碎、堆放方向等标志，附有检验合格证。玻璃马赛克用纸箱包装，箱内要衬有防潮纸，产品放置应紧密有序
看规格	选购时要注意颗粒之间是否为同等规格、大小是否一致，每小颗粒边沿是否整齐，将单片马赛克置于水平地面检验其是否平整，单片马赛克背面是否有太厚的乳胶层
看工艺	首先是摸釉面，可以感觉其防滑度；然后看厚度，厚度决定密度，密度高吸水率才低；最后是看质地，内层中间打釉通常是品质好的马赛克

第四节　园林工程常用材料验收

一、绿化植被质量验收

1. 乔灌木质量验收

乔灌木（见图 2-25）都是直立性的木本植物，在园林绿地中所占比重较大，是园林植物种植中最基本和最重要的组成部分，是园林绿化的骨架。

甲方工作人员验收要点：园林绿化所用树苗，应选择树干通直、树皮颜色新鲜、树势健旺的；而且应该是在育苗期内经过 1～3 次翻栽，根群集中在树蔸的苗木。育苗期中没经过翻栽的留床老苗最好不要用，其移栽成活率比较低，移栽成活后多年的生长势都很弱，绿化效果不好。在使用大量苗木进行绿化时，苗木的大小规格应尽量一致，以使绿化效果统一。

图 2-25　乔灌木

2. 行道树质量验收

行道树（见图 2-26）的种植，在春季树叶萌发前或秋季树木营养生长停止后，均可进行，常绿大乔木最好在春季进行栽植。

甲方工作人员验收要点：行道树一般都是大规格的常绿或落叶乔木。挖苗前，先将苗木的枝叶用草绳围拢。起苗时，裸根苗尽量挖大、挖深一些，使根系少受损伤。带土球的树，按大树移植土球规格挖起，并用草绳打好包，以保证树木的成活率。

3. 草坪植物质量验收

铺设草坪植物（见图 2-27）和栽植其他植物不同，在建造完成以后，地形和土壤条件很难再行改变。要想得到高质量的草坪，应在铺设前对场地进行处理，主要应考虑地形处理、土壤改良及做好排灌系统。

图 2-26　行道树

图 2-27　草坪植物

甲方工作人员验收要点：草坪植物的含水量占鲜重的 75%～85%，叶面的蒸腾作用要耗水，根系吸收营养物质必须有水作媒介，营养物质在植物内的输导也离不开水，一旦缺水，草坪生长就会衰弱，覆盖度下降，甚至会枯黄而提前休眠。据调查，未加以人工灌溉的野牛草草坪至 5 月末每平方米匍匐枝仅有 40 条，而加以灌溉的草坪每平方米的匍匐枝可达 240 条，前者的覆盖率是 70%，后者是 100% ，因此建造草坪时必须考虑水源，草坪建成后必须进行合理灌溉。

二、园林铺装材料质量验收

1. 花岗岩质量验收

花岗岩（见图 2-28）不易风化，颜色美观，外观色泽可保持百年以上，由于其硬度高、耐磨损，除了用作高级建筑装饰工程、室内大厅地面外，还是园林施工的首选之材。

验收细节：用简单的试验方法来检验花岗岩质量好坏，通常在花岗岩的背面滴上一小滴墨水，如墨水很快四处分散浸出，即表示花岗岩内部颗粒较松或存在微小裂隙，质量不好；反之则说明内部致密，质地好。

图 2-28　花岗岩

甲方工作人员验收要点：甲方工作人员对花岗岩进行验收时，应参照表 2-26 中的内容进行验收。

表 2-26　　　　　　　　　　　　　　花岗岩质量验收

名　　称	主要内容
观察表面结构	一般来说均匀细料结构的花岗岩具有细腻的质感，是质量好的；另外花岗岩由于地质作用的影响，常在其中产生一些细脉和微裂隙，石材最易沿这些部位发生破裂，应注意剔除。至于缺棱少角更是影响美观，选择时尤应注意
量尺寸规格	为了避免影响拼接或造成拼接后的图案、花纹、线条变形，影响装饰效果，要进行尺寸测量，保证统一

2. 文化石质量验收

"文化石"（见图 2-29）是个统称。天然文化石从材质上可分为沉积砂岩和硬质板岩。人造文化石产品是以水泥、沙子、陶粒等无机颜料经过专业加工以及特殊的蒸养工艺制作而成。它拥有环保节能、质地轻、强度高、抗融冻性好等优势。一般用于建筑外墙或室内局部装饰。

验收细节：用一枚硬币在文化石表面划一下，质量好的不会留下划痕。取一块文化石样品，使劲往地上摔，质量差的文化石会粉碎性的摔成很多小块；质量好的只会碎成两三块，如果用力不够，还可能从地上弹起来。

图2-29　文化石

工作人员验收要点：甲方工作人员对文化石进行验收时，应参照表2-27中的内容进行验收。

表2-27　　　　　　　　　　　　　　文化石质量验收

名　称	主要内容
看表面	在选购文化石时，应注意观察其样式、色泽、平整度，看看是否均匀、没有杂质。用手摸文化石的表面，如表面光滑没有发涩的感觉，则质量比较好
闻气味	可以通过闻气味来鉴别文化石的优劣，如无气味则证明文化石比较纯正
用火烧	取一块文化石细长的小条，放在火上烧，质量差的文化石很容易烧着，且燃烧很旺，质量好的文化石是烧不着的，即使加上助燃的东西，也会自动熄灭

3. 人造石材质量验收

人造石材（见图2-30）是以不饱和聚酯树脂为黏结剂，配以天然大理石或方解石、白云石、硅砂、玻璃粉等无机物粉料，以及适量的阻燃剂、颜色等，经配料混合、瓷铸、振动压缩、挤压等方法成型固化制成的。与天然石材相比，人造石具有色彩艳丽、光洁度高、颜色均匀一致，抗压耐磨、韧性好、结构致密、坚固耐用、比重轻、不吸水、耐侵蚀风化、色差小、不褪色、放射性低等优点。

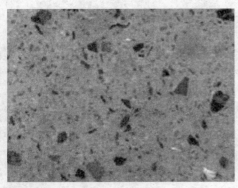

验收细节：可以选择有线条的两块人造石材石，然后进行相互敲击，如果很容易就碎了，那么就是劣质的，如果不会碎裂，证明质量较好。

图2-30　人造石材

工作人员验收要点：甲方工作人员对人造石材进行验收时，应参照表 2-28 中的内容进行验收。

表 2-28　　　　　　　　　　　　人造石材质量验收

名　称	主要内容
用眼睛看	一般质量好的人造石，其表面颜色比较纯正，板材背面不会出现细小的气孔
用鼻子闻	劣质的人造石会有很明显的刺鼻化学气味，优质的则不会
用手摸	优质的人造石表面会有很明显的丝绸感，且表面非常平整，而劣质的则没有
用指甲划	是一个比较有效的方法，优质的人造石，用指甲划，不会有明显的划痕

4. 路缘石质量验收

路缘石（见图 2-31）是道路两侧路面与路肩之间的条形构造物，因为形成落差，像悬崖，所以路缘石形成的条状构造，也叫道崖。结构尺寸通常是 99cm×15cm×15cm。一般高出路面 10cm。

工作人员验收要点：甲方工作人员对路缘石进行验收时，应参照表 2-29 中的内容进行验收。

图 2-31　路缘石

表 2-29　　　　　　　　　　　　路缘石质量验收

名　称	允许偏差／mm
色差、异色石纹	不明显
裂纹	小于断面的 1/4
正面、顶面缺棱掉角最大尺寸	≤ 15
对角线长度差	±4
外露面平整度	2

第五节　防水工程常用材料验收

一、基础施工常用防水材料验收

一般来说防止雨水、地下水、腐蚀性液体以及空气中的湿气、蒸汽等侵入建筑物的材料统称为防水材料。在基础施工中，常用的防水材料有防水卷材（见图 2-32）、防水砂浆（见图 2-33）和防水涂料（见图 2-34）。

验收细节：看表面是否美观、平整、有无气泡、麻坑等；看卷材厚度是否均匀一致；看胎体位置是否居中，有无未被浸透的现象（常说的露白槎）；看断面油质光亮度；看覆面材料是否粘结牢固。

图 2-32　防水卷材

甲方工作人员验收要点如下。

（1）闻一闻气味。以改性沥青防水卷材来说，符合国家标准的合格产品，基本上没有异味。在闻的过程中，要注意以下几点：①有无废机油的味道；②有无废胶粉的味道；③有无苯的味道；④有无其他异味。

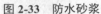

图 2-33　防水砂浆　　图 2-34　防水涂料

质量好的改性沥青防水卷材在施工烘烤过程中，不太容易出油，一旦出油后就能粘接牢固。而有些材料极易出油，是因为其中加入了大量的废机油等溶剂，使得卷材变得柔软，然而当废机油挥发掉后，在很短的时间内，卷材就会干缩发硬，各种性能指标都会大幅下降，使用寿命大大减少。

一般来说，对于防水涂料而言，有各种异味的涂料大多属于非环保涂料，应慎重选择。

（2）多向商家询问、咨询，从了解的内容来分析、辨别、比较材料的质量。主要向商家了解：①厂家原材料的产地、规格、型号；②生产线及设备状况；③生产工艺及管理水平。

（3）试一试。对于防水材料可以多试一试，比如可以用手摸、折、烤、撕、拉等，以手感来判断材料的质量。对于改性沥青防水卷材来说，应该具有以下几个方面的特点：①手感柔软，有橡胶的弹性；②断面的沥青涂盖层可拉出较长的细丝；③反复弯折其折痕处没有裂纹。质量好的产品，在施工中无收缩变形、气泡出现。

三元乙丙橡胶防水卷材的特点：①用白纸摩擦表面，无析出物；②用手撕，不能撕裂或撕裂时呈圆弧状的质量较好。对于刚性堵漏防渗材料来说，可以选择样品做实验，在固化后的样品表面滴上水滴，如果水滴不吸收，呈球状，质量相对较好，反之则是劣质品。

二、屋面施工常用防水材料验收

经常使用的屋面防水材料主要包括以下几种：合成高分子防水卷材、高聚物改性沥青防水卷材、沥青防水卷材、高聚物改性沥青防水涂料、合成高分子防水涂料和细石混凝土等。

甲方工作人员验收要点。

（1）合成高分子防水卷材。它是以合成橡胶、合成树脂或两者的共混体为基料，制成的可卷曲的片状防水材料。合成高分子防水卷材具有以下特点：① 匀质性好；② 拉伸强度高，完全可以满足施工和应用的实际要求；③ 断裂伸长率高，合成高分子防水卷材的断裂伸长率都在 100% 以上，有的高达 500% 左右，可以较好地适应建筑工程防水基层伸缩或开裂变形的需要，确保防水质量；④ 抗撕裂强度高；⑤ 耐热性能好，合成高分子防水卷材在 100℃ 以上的温度条件下，一般都不会流淌和产生集中性气泡；⑥ 低温柔性好，一般都在 -20℃ 以下，如三元乙丙橡胶防水卷材的低温柔性在 -45℃ 以下保持较好性能；⑦ 耐腐蚀能力强，合成高分子防水卷材的耐臭氧、耐紫外线、耐气候等能力强，耐老化性能好，比较耐用。

（2）高聚物改性沥青防水卷材。它是以合成高分子聚合物改性沥青为涂盖层，纤维织物或纤维毡为胎体，粉状、粒状、片状或薄膜材料为覆面材料制成的可卷曲片状材料。高聚物改性沥青卷材常用的有弹性体改性沥青卷材（SBS 改性沥青卷材）和塑性体改性沥青卷材（APP 改性沥青卷材）两种。

（3）沥青防水卷材。分为有胎卷材和无胎卷材。凡是用厚纸或玻璃丝布、石棉布、棉麻织品等胎料浸渍石油沥青制成的卷状材料，称为有胎卷材；将石棉、橡胶粉等掺入沥青材料中，经碾压制成的卷状材料称为辊压卷材，即无胎卷材。

（4）高聚物改性沥青防水涂料。以沥青为基料，用合成高分子聚合物进行改性，配制成的水乳型或溶剂型防水涂料。与沥青基涂料相比，高聚物改性沥青防水涂料在柔韧性、抗裂性、强度、耐高低温性能、使用寿命等方面都有了较大的改进，常用的建材有氯丁橡胶改性沥青涂料、SBS 改性沥青涂料及 APP 改性沥青涂料等，具体性能及应用见表 2-30。

表 2-30　常见高聚物改性沥青防水涂料

名　称	组　成	性　能	应　用
氯丁橡胶改性沥青涂料	一种高聚物改性沥青防水涂料	在柔韧性、抗裂性、拉伸强度、耐高低温性能、使用寿命等方面比沥青基涂料有很大改善	可广泛应用于屋面、地面、混凝土地下室和卫生间等的防水工程
SBS 改性沥青涂料	采用石油沥青为基料，为改性剂并添加多种辅助材料配制而成的冷施工防水涂料	具有防水性能好、低温柔性好、延伸率高、施工方便等特点，具有良好的适应屋面变形能力	主要用于屋面防水层，防腐蚀地坪的隔离层，金属管道的防腐处理；水池、地下室、冷库、地坪等的抗渗、防潮等
APP 改性沥青涂料	以高分子聚合物和石油沥青为基料，与其他增塑剂、稀释剂等助剂加工合成	具有冷施工、表干块、施工简单、工期短的特点；具有较好的防水、防腐和抗老化性能；能形成涂层无接缝的防水膜	适用于各种屋面、地下室防水、防渗；斜沟、天沟建筑物之间连接处、卫生间、浴池、储水池等工程的防水、防渗

（5）合成高分子防水涂料。它是以合成橡胶或合成树脂为主要成膜物质，配制成的单组分或多组分的防水涂料。由于合成高分子材料本身的优异性能，以此为原料制成的合成高分子防水涂料具有高弹性、防水性、耐久性和优良的耐高低温性能。常用的建材有聚氨酯防水涂料、丙烯酸防水涂料、有机硅防水涂料等，具体性能及应用见表 2-31。

表 2-31　　　　　　　　　　　常见合成高分子防水涂料

名　称	组　成	性　能	应　用
聚氨酯防水涂料	一种液态施工的环保型防水涂料，是以进口聚氨酯预聚体为基本成分，无焦油和沥青等添加剂	与空气中的湿气接触后固化，在基层表面形成一层坚固的坚韧的无接缝整体防水膜	可广泛应用于屋面、地基、地下室、厨房、卫浴等的防水工程
丙烯酸防水涂料	一种高弹性彩色高分子防水材料，是以防水专用的自交联纯丙乳液为基础原料，配以一定量的改性剂、活性剂、助剂及颜料加工而成	无毒、无味、不污染环境，属环保产品；具有良好的耐老化、延伸性、弹性、黏结性和成膜性；防水层为封闭体系，整体防水效果好，特别适用于异形结构基层的施工	主要适用于各种屋面、地下室、工程基础、池槽、卫生间、阳台等的防水施工，也适用于各种旧屋面修补
有机硅防水涂料	该涂料是以有机硅橡胶等材料配制而成的水乳性防水涂料，具有良好的防水性、憎水性和渗透性	涂膜固化后形成一层连续均匀完整一体的橡胶状弹性体，防水层无搭头接点，非常适合异形部位。具有良好的延伸率及较好的拉伸强度，可在潮湿表面上施工	适用于新旧屋面、楼顶、地下室、洗浴间、泳池、仓库的防水、防渗、防潮、隔气等用途，其寿命可达20年

第三章　园林绿化施工质量验收

第一节　园林道路施工质量验收

一、园路施工

1. 地基与路面基层的施工

（1）施工准备。根据设计图，核对地面施工区域，确认施工程序、施工方法和工程量。勘察、清理施工现场，确认和标示地下埋设物并测定地面高程点（水准点）。

（2）材料准备。材料准备施工操作，碎石准备如图3-1所示。

甲方工作人员验收要点：确认和准备路基加固材料、路面垫层、基层材料和路面面层材料，

图3-1　碎石准备

包括碎石、块石、石灰、砂、水泥或设计所规定的预制砌块、饰面材料等等。材料的规格、质量、数量以及临时堆放位置，都要确定下来。

（3）道路放线。道路放线施工操作，如图3-2所示。

图3-2　道路放线施工

验收细节： 钉好的各中心桩之间的连线即为园路的中心线。再以中心桩为准，根据路面宽度钉上边线桩，最后放出园路的中线和边线。

甲方工作人员验收要点：将设计图标示的园路中心线上各编号里程桩，测设落实到相应的地面位置，用长30～40cm的小木桩垂直钉入桩位，并写明桩号。

（4）地基施工。地基施工操作如图3-3所示。

图 3-3　地基施工

验收细节：对填土路基，要分层填土分层碾压，对于软弱地基，要做好加固处理。施工中注意随时检查横断面坡度和纵断面坡度。其次，要用暗渠、侧沟等排除流入路基的地下水、涌水和雨水等。

甲方工作人员验收要点：首先确定路基作业使用的机械及其进入现场的日期；重新确认水准点；调整路基表面高程与其他高程的关系；然后进行路基的填挖、整平、碾压作业。按已定的园路边线，每侧放宽 200mm 开挖路基的基槽；基槽深度应等于路面的厚度。按设计横坡度，进行路基表面整平，再碾压或打夯，压实路槽地面；路槽的平整度误差不大于 20mm。

（5）垫层施工。垫层施工操作如图 3-4 所示。

甲方工作人员验收要点：运入垫层材料，将灰土、砂石按比例混合，也可在固定地点先将灰土、砂石按比例混合后运入，再进行垫层材料的铺垫、刮平和碾压。如用灰土做垫层，铺垫一层灰土就叫一步灰土，一步灰土的夯实厚度应为 150mm。而铺填时的厚度根据土质不同，可在 210 ~ 240mm 之间。

图 3-4　垫层施工

（6）路面基层施工。路面基层施工操作如图 3-5 所示。

图 3-5　路面基层施工

验收细节：两次施工中产生的接缝处理，应将上次施工完成的末端翻起来，与本次施工部分一起滚碾压实，不得将上次末端部分未处理就直接滚压下次施工。

甲方工作人员验收要点：确认路面基层的厚度与设计标高；运入基层材料，分层填筑。基层的每层材料施工碾压厚度：下层为200mm以下，上层为150mm以下；基层的下层要进行检验性碾压。基层经碾压后，没有达到设计标高的，应该翻起已压实部分，一面摊铺材料，另一面重新碾压，直到压实后达到设计标高的高度。

2. 水泥混凝土面层施工

（1）核实准备工作。核实、检验和确认路面中心线、边线及各设计标高点是否正确。

（2）钢筋网的绑扎。钢筋网绑扎施工操作如图3-6所示。

验收细节：钢筋网接近顶面的设置要比在底部加筋更能保证防止表面开裂，也更便于充分捣实混凝土。

图3-6 钢筋网绑扎施工

甲方工作人员验收要点：若是钢筋混凝土面层，则按设计选定钢筋并编扎成网。钢筋网应在基层表面以上架离，架离高度应距混凝土顶面50mm。

（3）材料的配制、浇筑和捣实。混凝土浇筑与振捣施工操作如图3-7所示。

甲方工作人员验收要点：按设计的材料比例，配制、浇筑、捣实混凝土，并用长1m以上的直尺将顶面刮平。顶面稍干一点，再用抹灰砂板抹平至设计标高。施工中要注意做出路面的横坡与纵坡。

路面装饰。路面装饰施工操作如图3-8所示。

图3-7 混凝土浇筑与振捣

图3-8 路面装饰

甲方工作人员验收要点：路面要进一步进行装饰的，可按下述的水泥路面装饰方法继续施工。不再做路面装饰的，则待混凝土面层基本硬化后，用锯割机每隔 7 ～ 9m 锯缝一道，作为路面的伸缩缝（伸缩缝也可在浇注混凝土之前预留）。

3. 水泥路面的装饰施工

（1）普通抹灰与纹样处理。普通抹灰施工操作如图 3-9 所示。

验收细节：用普通灰色水泥配制成 1：2 或 1：2.5 水泥砂浆，在混凝土面层浇筑后尚未硬化时进行抹面处理，抹面厚度为 10 ～ 15mm。

图 3-9　普通抹灰施工

甲方工作人员验收要点：甲方工作人员应对整个施工过程进行严格地验收，具体内容见表 3-1。

表 3-1　　　　　　　　　　　　　普通抹灰与纹样处理施工验收

名　　称	主要内容
滚花	用钢丝网做成的滚筒，或者用模纹橡胶裹在 300mm 直径铁管外做成的滚筒，在经过抹面处理的混凝土面板上滚压出各种细密纹理。滚筒长度 1m 以上比较好
压纹	利用一块边缘有许多整齐凸点或凹槽的木板或木条，在混凝土抹面层上挨着压下，一面压一面移动，就可以将路面压出纹样，起到装饰作用。用这种方法时要求抹面层的水泥砂浆含砂量较高，水泥与砂的配合比可为 1：3
锯纹	在初浇的混凝土表面，用一根直木条如同锯割一般来回动作，一面锯一面前移，即能够在路面锯出平行的直纹，有利于路面防滑，又有一定的路面装饰作用
刷纹	最好使用弹性钢丝做成刷纹工具。刷子宽 450mm，刷毛钢丝长 100mm 左右，木把长 1.2 ～ 1.5m。用这种钢丝刷在未硬的混凝土面层上可以刷出直纹、波浪纹或其他形状的纹理

（2）彩色水泥抹面装饰。彩色水泥抹灰装饰如图 3-10 所示。

甲方工作人员验收要点：水泥路面的抹面层所用水泥砂浆，可通过添加颜料调制成彩色水泥砂浆，用这种材料可做出彩色水泥路面。彩色水泥调制中使用的颜料，需选用耐光、耐碱、不溶于水的无机矿物

图 3-10　彩色水泥抹灰装饰

颜料，如红色的氧化铁红、黄色的柠檬铬黄、绿色的氧化铬绿、蓝色的钴蓝和黑色的炭黑等，见表3-2。

表 3-2　　　　　　　　　　　　　　彩色水泥的配制

调制水泥色	水泥及用量 /g	颜料及用量 /g
红色、紫砂色水泥	普通水泥 500	铁红 20 ～ 40
咖啡色水泥	普通水泥 500	铁红 15、铬黄 20
橙黄色水泥	白色水泥 500	铁红 25、铬黄 10
黄色水泥	白色水泥 500	铁红 10、铬黄 25
苹果绿色水泥	白色水泥 1000	铬绿 150、钴蓝 50
	普通水泥 500	铬绿 0.25
青色水泥	白色水泥 1000	钴蓝 0.1
灰黑色水泥	普通水泥 500	炭黑适量

（3）彩色水磨石饰面。彩色水磨石饰面如图3-11所示。

验收细节：按照设计，在平整、粗糙、已基本硬化的混凝土路面面层上，弹线分格，用玻璃条、铝合金条（或铜条）作分格条。然后在路面刷上一道素水泥浆，再用 1：1.25 ～ 1：1.50 彩色水泥细石子浆铺面，厚度 8 ～ 15mm。铺好后拍平，表面用滚筒压实，待出浆后再用抹子抹平。

图 3-11　彩色水磨石饰面

　　甲方工作人员验收要点：用作水磨石的细石子，如采用方解石，并用普通灰色水泥，做成的就是普通水磨石路面。如果用各种颜色的大理石碎屑，再用不同颜色的彩色水泥配制一起，就可做成不同颜色的彩色水磨石地面。水磨石的开磨时间应以石子不松动为准，磨后将泥浆冲洗干净。待稍干时，用同色水泥浆涂擦一遍，将砂眼和脱落的石子补好。第二遍用 100 ～ 150 号金刚石打磨，第三遍用 180 ～ 200 号金刚石打磨，方法同前。打磨完成后洗掉泥浆，再用 1：20 的草酸水溶液清洗，最后用清水冲洗干净即形成彩色水磨石饰面。

　　（4）露骨料饰面。露骨料饰面如图3-12所示。

验收细节： 采用这种饰面方式的混凝土路面和混凝土铺砌板，其混凝土应该用粒径较小的卵石配制。混凝土露骨料主要是采用刷洗的方法，在混凝土浇好后 2～6h 内进行处理，最迟不得超过浇好后 16～18h。

图 3-12　露骨料饰面

甲方工作人员验收要点：刷洗工具一般用硬毛刷子和钢丝刷子。刷洗应当从混凝土板块的周边开始，同时用充足的水把刷掉的泥砂洗去，把每一粒暴露出来的骨料表面刷洗干净。刷洗后 3～7 天内，再用 10% 的盐酸水洗一遍，使暴露的石子表面色泽更明净，最后还要用清水把残留盐酸完全冲洗掉。

4. 嵌草路面的铺砌

无论用预制混凝土铺路板、实心砌块、空心砌块，还是用顶面平整的乱石、整形石块或石板，都可以铺装成砌块嵌草路面。

嵌草路面的铺砌施工操作如图 3-13 所示。

验收细节： 空心砌块的设计制作，一定要保证砌块的结实坚固和不易损坏，因此其预留孔径不能太大，孔径最好不超过砌块直径的 1/3。

图 3-13　嵌草路面的铺砌

甲方工作人员验收要点如下。

（1）实心砌块的尺寸较大，草皮嵌种在砌块之间预留的缝隙的土壤中。草缝设计宽度可在 20～50mm 之间，缝中填土达砌块高的 2/3。砌块下面如上所述用壤土做垫层并起找平作用，砌块要铺装得尽量平整。实心砌块嵌草路面上，草皮形成的纹理是线网状的。

（2）空心砌块的尺寸较小，草皮嵌种在砌块中心预留的孔中。砌块与砌块之间不留草缝，常用水泥砂浆粘接。砌块中心孔填土亦为砌块的 2/3 高；砌块下面仍用壤土作垫层找平，使嵌草路面保持平整。空心砌块嵌草路面上，草皮呈点状而有规律地排列。采用砌块嵌草铺装的路面，砌块和嵌草层是道路的结构面层，其下面只能有一个壤土垫层，在结构上没有基层，这样的路面结构有利于草皮的存活与生长。

二、园路变式施工

1. 园林梯道结构

园林道路在穿过高差较大的上下层台地，或者穿行在山地、陡坡地时，都要采用踏步梯道的形式。即使在广场或河岸等较平坦的地方，有时为了创造丰富的地面景观，也要设计一些踏步或梯道，使地面的造型富于变化。

（1）砖石阶梯踏步。砖石阶梯踏步施工如图3-14所示。

验收细节： 在设置踏步的地段上，踏步的数量至少应为2～3级，如果只有一级而又没有特殊的标记，则容易被人忽略，使人摔倒。

图3-14 砖石阶梯踏步施工

甲方工作人员验收要点如下。

第一，以砖或整形毛石为材料，M2.5混合砂浆砌筑台阶与踏步，砖踏步表面按设计可用1∶2水泥砂浆抹面，也可做成水磨石踏面，或者用花岗石、防滑釉面地砖作贴面装饰。根据行人在踏步上行走的规律，一步踏的踏面宽度应设计为28～38cm，适当再加宽一点也可以，但不宜超过60cm宽；二步踏的踏面可以为90～100cm宽。每一级踏步的宽度最好一致，不要时宽时窄。每一级踏步的高度也要统一，不得高低相间。一级踏步的高度一般情况下应设计为10～16.5cm，因为低于10cm时行走不安全，高于16.5cm时行走较吃力。儿童活动区的梯级道路，其踏步高应为10～12cm，踏步宽不超过46cm。

第二，一般情况下，园林中的台阶梯道都要考虑伤残人轮椅车和自行车推行上坡的需要，要在梯道两侧或中带设置斜坡道。梯道太长时，应当分段插入休息缓冲平台；梯道每一段的梯级数最好控制在25级以下；缓冲平台的宽度应在1.58m以上，太窄时不能起到缓冲作用。

（2）混凝土踏步。混凝土踏步如图3-15所示。

甲方工作人员验收要点：一般将斜坡上素土夯实，坡面用1：3：6三合土（加碎砖）或灰土（加碎砖石）作垫层并筑实，厚6～10cm；其上采用C10混凝土现浇做踏步。踏步表面的抹面可按设计进行。每一级踏步的宽度、高度以及休息缓冲平台、轮椅坡道的设置等要求，都与砖石阶梯踏步相同。

图3-15　混凝土踏步

（3）山石蹬道。山石蹬道施工如图3-16所示。

图3-16　山石蹬道施工

验收细节：踏步石踏面的宽窄允许有些不同，可在30～50cm之间变动。踏面高度还是应统一起来，一般采用12～20cm。设置山石蹬道的地方本身就是供登攀的，所以踏面高度应大于砖石阶梯。

甲方工作人员验收要点：在园林土山或石假山及其他一些地方，为了与自然山水园林相协调，梯级道路不采用砖石材料砌筑成整齐的阶梯，而是采用顶面平整的自然山石，依山随势地砌成山石蹬道。山石材料可根据各地资源情况选择，砌筑用的结合材料可用石灰砂浆，也可用1：3水泥砂浆，还可以采用山土垫平塞缝，并用片石垫稳当。

2. 台阶施工

台阶施工操作如图3-17所示。

图3-17　台阶施工

验收细节：如踢板高在15cm左右，踏板宽在35cm以上，则台阶宽度应定为90cm以上，踢进为3cm以下；为方便上、下台阶，在台阶两侧或中间设置扶栏。扶栏的标准高度为80cm，一般在距台阶的起、终点约30cm处作连续设置。

甲方工作人员验收要点如下。

（1）踢板高度（h）与踏板宽度（b）的关系是：$2h + b = 60 \sim 65\text{cm}$。

（2）若踢板高度设在 10cm 以下，行人上下台阶易磕绊，比较危险。因此，应当提高台阶上、下两端路面的排水坡度，调整地势，或者取消台阶，或者将踢板高度设在 10cm 以上。

（3）如果台阶长度超过 3m，或是需要改变攀登方向，为安全起见应在中间设置一个休息平台。平台的深度通常为 1.5m 左右。

（4）踏板应设置 1% 左右的排水坡度。

3. 栈道的结构

栈道结构如图 3-18 所示。

> **验收细节**：栈道路面宽度的确定与栈道的类别有关。采用立柱式栈道的，路面设计宽度可为 1.5 ～ 2.5m；斜撑式栈道宽度可为 1.2 ～ 2.0m；插梁式栈道不能太宽，0.9 ～ 1.8m 比较合适。

图 3-18　园林栈道结构

甲方工作人员验收要点：甲方工作人员应对整个施工过程进行严格的验收，具体内容见表 3-3。

表 3-3　　　　　　　　　　　　　　栈道施工验收

名　　称	主要内容
立柱与斜撑柱	立柱用石柱或钢筋混凝土柱，断面尺寸可取 180mm×180mm 至 250mm×250mm，柱高一般不超过柱径的 15 倍。斜撑柱的断面尺寸比立柱稍小，可在 150mm×150mm 至 200mm×20mm 之间；斜撑柱上端应预留筋头与横梁梁头相焊接，下端应插入陡坡坡面或山壁壁面。立柱和斜撑柱都用 C20 混凝土浇制
横梁	横梁的长度应是栈道路面宽度的 1.2 ～ 1.3 倍，梁的一端应插入山壁或坡面的石孔并稳实地固定下来。插梁式栈道的横梁插入山壁部分的长度，应为梁长的 1/4 左右。横梁的截面为矩形，宽高的尺寸可为 120mm×180mm 至 180mm×250mm。横梁也用 C20 混凝土浇制，梁一端的下面应有预埋铁件与立柱或斜撑柱焊接
桥面板	桥面板可用石板或钢筋混凝土板铺设。铺石板时，要求横梁间距比较小，一般不大于 1.8m。石板厚度应在 80mm 以上。钢筋混凝土板可用预制空心板或实心板。空心板可按产品规格直接选用。实心钢筋混凝土板常设计厚为 6cm、8cm、10cm，混凝土强度等级可用 C15 ～ C20。栈道路面可以用 1∶2.5 水泥砂浆抹面处理
护栏	立柱式栈道和部分斜撑式栈道可以在路面外缘设立护栏。护栏最好用直径 25mm 以上的镀锌铁管焊接制作；也可做成石护栏或钢筋混凝土护栏。作石护栏或钢筋混凝土护栏时，望柱、栏板的高度可分别为 900mm 和 700mm。望柱截面尺寸可为 120mm×120mm 或 150mm×150mm，栏板厚度可为 50mm

三、园路路口施工

在园路与建筑物的交接处，常常会形成路口（见图3-19）。从园路与建筑相互交接的实际情况来看，一般都是在建筑近旁设置一块较小的缓冲场地，园路则通过这块场地与建筑相交接。

验收细节：实际处理园路与建筑的交接关系时，一般都应尽量避免以斜路相交，特别是正对建筑某一角的斜交，冲突感很强，一定要加以改变。对不得不斜交的园路，要在交接处设一段短的直路作为过渡，或者将交接处形成的锐角改为圆角。

图3-19　园路施工

甲方工作人员验收要点：甲方工作人员应对原路路口施工过程进行严格的验收，具体内容见表3-4。

表3-4　　　　　　　　　　　　　　　　园路路口施工验收

名　称	主要内容
尽量减少相交道路的条数	在自然式系统中过多采用十字路口，将会降低园路的导游特性，有时甚至会造成游览路线的紊乱，严重影响游览活动。在规则式园路中，从加强导游性来考虑，路口设置也应少一些十字路口，多一些三岔路口。在路口处，要尽量减少相交道路的条数，避免因路口过于集中，造成游人在路口处犹疑不决，无所适从的现象
尽量采取正相交方式	道路相交时，除山地陡坡地形之外，一般均应尽量采取正相交方式。斜相交时，斜交角度如呈锐角，其角度也要尽量不小于60°，锐角部分还应采用足够的转弯半径，设计为圆形的转角。路口处形成的道路转角，如属于阴角，可保持直角状态；如属于阳角，则应设计为斜边或改成圆角
具有中央花坛的路口按照规则式进行	园路交叉口中央设计有花坛、花台时，各条道路都要以其中心线与花坛的轴心相对，不要与花坛边线相切。路口的平面形状，应与中心花坛的形状相似或相适应。具有中央花坛的路口，都应按照规则式地形进行设计
路口考虑安全视距	通车园路和城市绿化街道的路口，要注意车辆通行的安全，避免交通冲突。在路口设计或路口的绿化设计中，要按照路口视距三角形关系，留足安全视距。由两条相交园路的停车视距作为直角的边长，在路口处所形成的三角形区域，即视距三角形。在此三角形内，不得有阻碍驾驶人员视线的障碍物存在。视距三角形及安全视距可按式计算

第二节 小区绿化施工质量验收

一、行道树种植施工

1. 种植方式

（1）树池式。树池式种植如图 3-20 所示。

验收细节： 在行人多、交通量大、人行道又狭窄的街道上，通常采用树池种植行道树。树池的形状一般为方形，也有圆形的，其边长或直径不得小于 1.5m。长方形的树池其短边不得小于 1.2m。树离道路侧边的距离不少于 1m。

图 3-20 树池式种植施工

甲方工作人员验收要点：行道树的种植点，应在树池的几何中心位置。为防止行人踏踩池土，影响树池土壤空气流通和水分渗透，树池的边缘应高出人行道 8 ～ 10cm。在缺少雨水的地区和不能保证按时浇水的地方，树池可与人行道相平，池土略低于地面。这样既方便雨水流入池内，也可避免池中泥土溢出路面。在有条件的地方，可在树池上覆盖透空的混凝土或金属池盖（与路面等高）。这样，既增加了人行道的宽度，又能避免踏踩池土，影响行道树的生长，还有利于雨水的渗入，并可在树池的裸土上种植草皮或花草。

（2）种植带式。种植带式施工操作如图 3-21 所示。

甲方工作人员验收要点：在人行道和车行道之间，留一条不加铺装的树木种植带。种植带的宽度视具体情况而定，一般不得小于 1.5m，但以 5 ～ 6m 为最好。种植带的行道树下，还可种植与之相协调的地被植物，以增强种植带的防护作用和绿化、美化效果。

图 3-21 种植带式施工

2. 行道树的补植

行道树的补植操作如图 3-22 所示。

验收细节：补植行道树，应选择与定植树木大小和高矮一致、树冠的冠幅和树干质量一致的树，按大树移栽操作规程进行补植，保证行道树的整齐、美观，生长旺盛。

图 3-22　行道树的补植

甲方工作人员验收要点：行道树的保护，是行道树茁壮生长的必要条件。要适时灌水、中耕、除草，经常保持树木周围地面土壤疏松，及时整形修剪，保持其树形整齐美观。在雨季，要防止树木歪斜，对个别歪斜树木应及时扶正、培土、加立支柱。要防止人、车损害行道树。冬季用生石灰 12 ～ 13kg，石灰硫磺合剂原液 2kg，食盐 1kg，清水 36kg 等原料，先将生石灰发湿，待其消解成粉状后，加入石灰硫磺合剂原液、食盐等，用水调和成白涂剂涂刷树干，防止病虫侵袭，减轻翌年病虫危害。

二、风景树木种植

（1）林地整理。林地清理如图 3-23 所示。

验收细节：林地要略为整平，并且要整理出 1% 以上的排水坡度。当林地面积很大时，最好在林下开辟几条排水浅沟，与林缘的排水沟联系起来，构成林地的排水系统。

图 3-23　林地清理

甲方工作人员验收要点：首先要清理林地，地上地下的废弃物、杂物、障碍物等都要清理出去。通过整地，将杂草翻到地下，把地下害虫的虫卵、幼虫和病菌翻上地面，利用低温和日照将其杀死，减少林木的病虫危害，提高林地树木的成活率；土质贫瘠密实的，要结合着翻耕松土，在土壤中施加有机肥料。

（2）林缘放线。林缘放线施工如图 3-24 所示。

验收细节：放线方法可采用坐标方格网法。林缘线的放线一般所要求的精确度不是很高，有一些误差还可以在栽植施工中进行调整。

图 3-24　林缘放线

甲方工作人员验收要点：林地准备好之后，应根据设计图将风景林的边缘范围线放大到林地地面上。林地范围内树木种植点的确定有规则式和自然式两种方式。规则式种植点可以按设计株行距以直线定点，自然式种植点的确定则允许现场施工中灵活定点。

（3）林木配植技术。树木配植施工如图 3-25 所示。

验收细节：树木在林内也可以不按规则的株行距栽，而是在 2～7m 的株行距范围内有疏有密地栽成自然式；这样成林后，树木的植株大小和生长表现就比较不一致，却有了自然丛林般的景观。

图 3-25　树木配植

甲方工作人员验收要点：风景林内，树木可以按规则的株行距栽植，这样成林后林相比较整齐；但在林缘部分，还是不宜栽得很整齐，一般不要栽成直线形，而要使林缘线栽成自然曲折的形状。

三、花坛施工

1. 花坛边缘石砌筑

（1）花坛边沿基础处理。花坛边沿基础处理操作如图 3-26 所示。

验收细节：基槽的开挖宽度应比边缘石基础宽 10cm 左右，深度可为 12 ～ 20cm。

图 3-26　边沿基础处理

甲方工作人员验收要点：放线完成后，应沿着已有的花坛边线开挖边缘石基槽；槽底土面要整平、夯实；有松软处要进行加固，不得留下不均匀沉降的隐患；在砌基础之前，槽底还应做一个 3 ～ 5cm 的粗砂垫层，作基础施工找平用。

（2）花坛边缘石砌筑。花坛边缘石砌筑施工操作如图 3-27 所示。

验收细节：边缘石一般是以砖砌筑的矮墙，高 15 ～ 45cm，其基础和墙体可用 1：2 水泥砂浆或 M2.5 混合砂浆砌 MU7.5 标准砖做成。

图 3-27　边缘石砌筑施工

甲方工作人员验收要点：矮墙砌筑好之后，回填泥土将基础埋上，并夯实泥土；再用水泥和粗砂配成 1：2.5 的水泥砂浆，对边缘石的墙面抹面，抹平即可，不要抹光；最后，按照设计，用磨制花岗石石片、釉面墙地砖等贴面装饰，或者用彩色水磨石、干粘石米等方法饰面。

2. 花坛植物种植

（1）平面式花坛植物种植施工。平面式花坛植物种植施工操作如图 3-28 所示。

验收细节：翻整土地深度，一般为35～45cm。整地时，要拣出石头、杂物、草根等。若土壤过于贫瘠，则应换土，施足基肥。花坛地面应疏松平整，中心地面应高于四周地面，以避免渍水。

图 3-28　平面式花坛植物种植

甲方工作人员验收要点：甲方工作人员应对平面式花坛植物种植施工过程进行严格的验收，具体内容见表3-5。

表 3-5　　　　　　　　　　　　平面式花坛植物种植施工验收

名　　称	主要内容
放样	按设计要求整好地后，根据施工图纸上的花坛图案原点、曲线半径等，直接在上面定点放样。放样尺寸应准确，用灰线标明。对中、小型花坛，可用麻绳或铅丝按设计图摆好图案模纹，画上印痕撒灰线。对图纹复杂、连续和重复图案模纹的花坛，可按设计图用厚纸板剪好大样模纹，按模型连续标好灰线
栽植	一般春季用花，如金盏菊、红叶甜菜、三色堇、雏菊、羽衣甘蓝、福禄考、瓜叶菊、大叶石竹、金鱼草、虞美人、小叶石竹、郁金香、风信子等，株高为15～20cm，株行距为10～15cm。夏、秋季用花，如凤仙、孔雀草、万寿菊、百日草、矮雪轮、矮牵牛、美人蕉、晚香玉、唐菖蒲、大丽花、一串红、菊花、西洋石竹、紫茉莉、月见草、鸡冠花、千日红等，株高为30～40cm，株行距为15～25cm。五色草的株行距一般为2.5～5.0cm

（2）立体花坛植物种植施工。立体花坛植物种植施工如图3-29所示。

验收细节：花坛骨架扎制好后，按造型要求，用细铁丝网、窗纱网或尼龙线网将骨架覆裹固定。视填土部位留1个或几个填土口，用土将骨架填满，然后将填土口封好。

图 3-29　立体花坛施工

甲方工作人员验收要点：立体花坛的主要植物材料，通常为五色草。栽植时，用1根钢筋或竹竿制作成的锥子，在铁丝网上按定植距离，锥出小孔，将小苗栽进去。由上而下，由内而外顺序栽植。栽植完后，按设计图案要求进行修剪，使植株高度一致。每天喷水 1 ～ 2 次，保持土壤湿润。

四、草坪种植

草坪种植施工操作，如图 3-30 所示。

验收细节：草坪植物的根系 80% 分布在 40cm 以内的土层中，而且 50% 以上是在地表以下 20cm 的范围内。虽然有些草坪植物能耐干旱，耐贫瘠，但种在 15cm 厚的土层上，会生长不良，应加强管理。为了使草坪保持优良的质量，减少管理费用，应尽可能使土层厚度达到 40cm 左右，最好不小于 30cm。在不足的地方应加厚土层。

图 3-30　草坪种植施工

甲方工作人员验收要点：甲方工作人员应对草坪种植施工过程进行严格的验收，具体内容见表 3-6。

表 3-6　　　　　　　　　　　　　　草坪植施工验收

名　称	主要内容
杂草与杂物的清除	清除杂草目的是为了便于土地的耕翻与平整，但更主要的是为了消灭多年生杂草。为避免草坪建成后杂草与草坪草争夺水分、养料，在种草前应把杂草彻底消灭。可用"草甘膦"等灭生性的内吸传导型除草剂［0.2 ～ 0.4ml/m² （成分量）］，使用后 2 周可开始种草。此外还应把瓦块、沙砾等杂物全部清出场地外。瓦砾等杂物多的土层应用 10mm×10mm 的网筛筛一遍，以确保杂物除净
初步平整、施基肥及耕翻	在清除了杂草、杂物的地面上应初步作一次起高填低的平整。平整后撒施基肥，然后普遍进行一次耕翻。土壤疏松、通气良好有利于草坪植物的根系发育，也便于播种或栽草
更换杂土与最后平整	在耕翻过程中，若发现局部地段土质欠佳或混杂的杂土过多，则应换土。虽然换土的工作量很大，但必要时须彻底进行，否则会造成草坪生长极不平衡，影响草坪质量

第三节　园林建筑小品施工质量验收

一、假山基础施工

假山基础施工操作如图 3-31 所示。

验收细节：灰土基础一般"宽打窄用"，即其宽度应比假山底面积宽出 0.5m 左右，保证假山的压力沿压力分布的角度均匀地传递到素土层；灰槽深度一般为 50～60m；以下的假山一般是打一步素土、一步灰土。一步灰土即布灰 30m，踩实到 15cm，再夯实到 10cm 厚度左右。

图 3-31　假山基础施工

甲方工作人员验收要点：在基土坚实的情况下可利用素土槽灌溉，基槽宽度同灰土基的道理；混凝土的厚度陆地上约 10～20cm，水中基础约为 50cm，高大的假山酌加厚度；陆地上选用不低于 100 号的混凝土，水泥、砂和卵石配合质量比为 1：2：4～1：2：6。

二、假山山脚施工

假山山脚施工操作如图 3-32 所示。

验收细节：底脚石应选择石质坚硬、不易风化的山石；每块山脚石必须垫平垫实，用水泥砂浆将底脚空隙灌实，不得有丝毫摇动；各山石之间要紧密啮合，互相连接形成整体，以承托上面山体的荷载；拉底的边缘要错落变化，避免做成平直和浑圆形状的脚线。

图 3-32　假山山脚施工

甲方工作人员验收要点如下。点脚法：即在山脚边线上，用山石每隔不同的距离作墩点，用片块状山石盖于其上，做成透空小洞穴。这种做法多用于空透型假山的山脚；连脚法：即按山脚边线连续摆砌弯弯曲曲、高低起伏的山脚石，形成整体的连线山脚线。这种做法各种山形都可采用。块面法：即用大块面的山石，连线摆砌成大凸大凹的山脚线，使凸出凹进部分的整体感都很强。这种做法多用于造型雄伟的大型山体。

三、山石结体施工

山石结体施工操作如图 3-33 所示。

图 3-33　山石结体施工

　　甲方工作人员验收要点：甲方工作人员应对山石结体施工过程进行严格的验收，具体内容见表 3-7。

表 3-7　　　　　　　　　　　　　　　　山石结体施工验收

名　　称	主要内容
接石压茬	山石上下的衔接要求严密，上下石相接时除了有意识地大块面闪进以外，避免在下层石上面闪露一些很破碎的石面。假山师傅称之为"避茬"，认为"闪茬露尾"会失去自然气氛而流露出人工的痕迹，这也是皴纹不顺的一种反映。但这也不是绝对的，有时为了做出某种变化，故意预留石茬，待更上一层时再压茬
偏侧错安	力求破除对称的形体，避免形成正方形、长方形、正品形或等边三角形。要因偏得致、错综成美，要掌握各个方向呈不规则的三角形变化，以便为向各个方向的延展创造基本的形体条件
仄立避"闸"	山石可立、可蹲、可卧，但不宜像闸门板一样仄立。仄立的山石很难和一般布置的山石相协调，而且往上接山石时接触面往往不够大，也影响稳定。但这也不是绝对的，自然界也有仄立如闸的山石，特别是作为余脉的卧石处理等。但要求用得很巧，有时为了节省石材而又能有一定高度，可以在视线不可及之处以仄立山石空架上层山石
等分平衡	拉底石时平衡问题表现不显著，堆到中层以后，平衡的问题就很突出了。《园冶》所谓"等分平衡法"和"悬崖使其后坚"是此法的要领。如理悬崖必一层层地向外挑出，这样重心就前移了。因此必须用数倍于"前沉"的重力稳压内侧，把前移的重心再拉回到假山的重心线上

第四节　园林硬质铺装施工质量验收

一、整体现浇铺装

　　整体现浇铺装的路面适宜在风景区通车干道、公园主园路，次园路或一些附属道路上采用。采用这种铺装的路面，主要是沥青混凝土路面和水泥混凝土路面。

（1）沥青混凝土路面。沥青混凝土路面施工如图 3-34 所示。

甲方工作人员验收要点：沥青混凝土路面，用 60 ～ 100mm 厚泥结碎石作基层，以 30 ～ 50mm 厚沥青混凝土作面层。根据沥青混凝土的骨料粒径大小，可分为细粒式、中粒式和粗粒式沥青混凝土可供选用。

（2）水泥混凝土路面。水泥混凝土路面施工如图 3-35 所示。

图 3-34　沥青混凝土路面施工

图 3-35　水泥混凝土路面施工

　　验收细节：水泥混凝土路面的基层做法，可用 80 ～ 120mm 厚碎石层，或用 150 ～ 120mm 厚大块石层，在基层上面可用 30 ～ 50mm 粗砂作间层。面层一般采用 C20 混凝土，做 120 ～ 160mm 厚。路面每隔 10m 设伸缩缝一道。

甲方工作人员验收要点：甲方工作人员应对园路路口施工过程进行严格的验收，具体内容见表 3-8。

表 3-8　　　　　　　　　　　　　　　园路路口施工验收

名　　称	主要内容
普通抹灰	是用水泥砂浆在路面表层做保护装饰层或磨耗层。水泥砂浆可采用 1：2 或 1：2.5 比例，常以粗砂配制
彩色水泥抹灰	在水泥中加各种颜料，配制成彩色水泥，对路面进行抹灰，可做出彩色水泥路面
水磨石饰面	水磨石路面是一种比较高级的装饰型路面，有普通水磨石和彩色水磨石两种做法。水磨石面层的厚度一般为 10 ～ 20mm。用水泥和彩色细石子调制成水泥石子浆，铺好面层后打磨光滑
露骨料饰面	一些园路的边带或作障碍性铺装的路面，常采用混凝土露骨料方法饰面，做成装饰性边带。这种路面立体感较强，能够和其旁的平整路面形成鲜明的质感对比

二、板材砌块铺装

板材砌块铺装用整形的板材、方砖、预制的混凝土砌块铺在路面上作为道路结构面层。

这类铺装路面适用于一般的散步游览道、草坪路、岸边小路和城市游憩林阴道、街道上的人行道等。

（1）板材铺地。打凿整形的石板和预制的混凝土板，都能用作路面的结构面层。这些板材常用在园路游览道的中带上，作路面的主体部分；也常用作较小场地的铺地材料（见图 3-36）。

验收细节：石板一般被加工成 497mm×497mm×50mm、697mm×497mm×60mm、997mm×697mm×70mm 等规格，其下直接铺 30～50mm 的砂土作找平的垫层，可不做基层；或者以砂土层作为间层，在其下设置 80～100mm 厚的碎（砾）石层作基层。石板下不用砂土垫层，而用 1：3 水泥砂浆或 4：6 石灰砂浆作结合层，可以保证面层更坚固和稳定。

图 3-36　石板铺地施工

甲方工作人员验收要点：混凝土方砖：正方形，常见规格有 297mm×297mm×60mm、397mm×397mm×60mm 等，表面经翻模加工为方格纹或其他图纹，用 30mm 厚细砂土作找平垫层铺砌；预制混凝土板：其规格尺寸按照具体设计而定，常见有 497mm×497mm、697mm×697mm 等规格，铺砌方法同石板一样。加钢筋的混凝土板，最小厚度可仅 60mm，所加钢筋一般用直径 6～8mm 的，间距 200～250mm，双向布筋。预制混凝土铺砌板的顶面，常加工成光面、彩色水磨石面或露骨料面。

（2）黏土砖墁地。黏土砖铺装施工如图 3-37 所示。

验收细节：砖墁地时，用 30～50mm 厚细砂土或 3：7 灰土作找平垫层。方砖墁地一般采取平铺方式，有错缝平铺和顺缝平铺两种做法。

图 3-37　黏土砖铺装

甲方工作人员验收要点：用于铺地的黏土砖规格很多，有方砖，也有长方形砖。方砖及其设计参考尺寸有：尺二方砖，400mm×400mm×60mm；尺四方砖，470mm×470mm×60mm；足尺七方砖，570mm×570mm×60mm；二尺方砖，640mm×640mm×96mm；二尺四方砖，768mm×768mm×144mm。长方砖有：大城砖，480mm×240mm×130mm；二城砖，440mm×220mm×110mm；地趴砖，420mm×210mm×85mm；机制标准青砖，240mm×120mm×60mm。

三、砌块嵌草铺装

砌块嵌草铺装（见图3-38）是用预制混凝土砌块和草皮相间铺装路面。它能够很好地透水透气；绿色草皮呈点状或线状有规律地分布，在路面形成美观的绿色纹理，美化了路面。这种具有鲜明生态特点的路面铺装形式，已越来越受到人们的欢迎。

验收细节：由于砌块是在相互分离状态下构成路面，使得路面特别是在边缘部分容易发生歪斜、散落。因此，在砌块嵌草路面的边缘，最好设置道牙加以规范并对路面起保护作用。另外，也可用板材铺砌作为边带，使整个路面更加稳定，不易损坏。

图3-38 砌块嵌草铺装施工

甲方工作人员验收要点：预制混凝土砌块按照设计可有多种形状，大小规格也有很多种，也可做成各种彩色的砌块。但其厚度一般都设计为100～150mm。砌块的形状可分为实心的和空心的两类。

第四章　地基与基础施工质量验收

第一节　基础开挖与回填施工质量验收

一、基础开挖施工质量验收

（1）人工挖槽。人工挖槽施工操作如图4-1所示。

验收细节：①对邻近建筑物、道路、管线等除了规定的加固外，应随时注意检查、观测；②距槽边600mm挖200mm×300mm明沟，并有2‰坡度，排除地面雨水。或筑450mm×300mm土埂挡水。

图4-1　人工挖槽

　　甲方工作人员验收要点如下：①在挖方上侧弃土时，应保证边坡和直立壁的稳定，抛于槽边的土应距槽边1m以外；②挖到一定深度时，测量人员及时测出距槽底500mm的水平线，每条槽端部开始，每隔2～3m在槽边上钉小木橛；③开挖放坡基槽时，应在槽帮中间留出800mm左右的倒土台。

（2）机械挖槽。机械挖槽施工操作如图4-2所示。

验收细节：基坑（槽）开挖后应尽量减少对基土的扰动。如果基础不能及时施工时，可在基底标高以上预留300mm土层不挖，待做基础时再挖。

图4-2　机械挖槽

甲方工作人员验收要点：甲方工作人员对机械挖槽时首先应对测量控制网的布设进行把控，其次还要对临时挖方边坡值进行确定、具体内容见表 4-1 和表 4-2。

表 4-1　测量精度的控制及误差范围

测量项目	测量的具体方法及误差范围
测角	采用三测回，测角过程中误差控制在 2" 以内，总误差在 5mm 以内
测弧	采用偏角法，测弧度误差控制在 2" 以内
测距	采用往返测法，取平均值
量距	用鉴定过的钢尺进行量测并进行温度修正，轴线之间偏差控制在 2mm 以内

表 4-2　临时性挖方边坡值

土的类别		边坡值
砂土（不包括细砂、粉砂）		（1：1.25）～（1：1.50）
一般性黏土	硬	（1：0.75）～（1：1.00）
	硬、塑	（1：1.00）～（1：1.25）
	软	1：1.50 或更缓
碎土	充填坚硬、硬塑黏性土	（1：0.50）～（1：1.00）
	充填砂石	（1：1.00）～（1：1.50）

二、土方回填施工质量验收

土方回填施工如图 4-3 所示。

验收细节： 若在地形起伏处填土，应做好接槎，修筑 1：2 阶梯形边坡，每台阶高可取 500mm，宽为 1000mm。分段填筑时，每层接缝处应做成大于 1：1.5 的斜坡。接缝部位不得在基础、墙角、柱墩等重要部位。

图 4-3　土方回填施工

甲方工作人员验收要点：回填土应分层摊铺和夯压密实，每层铺土厚度和压实遍数应根据土质、压实系数和机具性能而定。常用夯（压）实工具机械每层铺土厚度和所需的夯（压）实遍数见表 4-3。

表 4-3   填方每层铺土厚度和压实遍数

压实机具	每层铺土厚度 /mm	每层压实遍数 / 遍
平碾（8～120t）	200～300	6～8
羊足碾（5～160t）	200～350	6～16
蛙式打夯机（200kg）	200～250	3～4
振动碾（8～15t）	60～130	6～8
人工打夯	≤ 200	3～4

第二节　基础施工质量验收

一、灰土地基施工质量验收

（1）检验土料和石灰粉的质量并过筛。检验土料和石灰粉的质量并过筛操作如图 4-4 所示。

甲方工作人员验收要点：甲方工作人员对检验土料和石灰粉的质量并过筛操作进行验收应参照表 4-4 进行。

图 4-4　土料过筛

表 4-4   土料和石灰粉质量验收

检验名称	检验方法	质量合格标准
石灰粒径	筛选法	石灰粒径 ≤ 5mm
土料有机质含量	实验室焙烧法	土料有机质含量 ≤ 5%
土颗粒粒径	筛分法	土颗粒粒径 ≤ 5mm
含水量	烘干法	含水量 ±2%
分层厚度偏差	水准仪检测	分层厚度偏差 ±50mm

（2）灰土拌和。灰土拌和施工操作如图 4-5 所示。

图 4-5　灰土拌和施工

验收细节：灰土施工时，应适当控制含水量。工地检验方法，用手将灰土紧握成团，两指轻捏即碎为宜。如土料水分过大或不足时，应翻松晾晒或洒水润湿，其含水量控制在 ±2% 以内。

甲方工作人员验收要点：灰土的配合比应按设计要求，常用配比为3∶7或2∶8（消石灰与黏性土体积比）。灰土必须过斗，严格控制配合比。拌和时必须均匀一致，至少翻拌3次，拌和好的灰土颜色应一致，且应随用随拌。

（3）分层铺设灰土。分层铺设灰土施工操作如图4-6所示。

验收细节： 各层虚铺都用木耙找平，参照高程标志用尺或标准杆对应检查。

图4-6　分层铺设灰土

甲方工作人员验收要点：甲方工作人员应对每层的灰土铺摊厚度质量严格验收，具体内容见表4-5。

表4-5　　　　　　　　　　　　　　　　　灰土最大虚铺厚度

夯具的种类	夯具重量 /kg	虚铺厚度 /mm	夯实厚度 /mm	备　　注
人力夯	40～80	200～250	120～150	人力打夯，落高400～500mm
轻型夯实工具	120～400	200～250	120～150	蛙式打夯机、柴油打夯机
压路机	机重 6～10t	200～300		双轮

（4）环刀取样。环刀取样施工操作如图4-7所示。

验收细节： 先在基层中选择挖掘土壤剖面的位置，然后挖掘土壤剖面，按剖面层次分层采样，每层重复取样3次。

图4-7　环刀取样操作

二、砂和砂石地基施工质量验收

（1）处理基底表面。处理基底表面操作如图4-8所示。

验收细节：基坑（槽）附近如有低于基底标高的孔洞、沟、井、墓穴等，应在未填砂石前按设计要求先行处理。对旧河暗沟应妥善处理，旧池塘回填前应将池底浮泥清除。

图4-8 人工处理基底表面

（2）分层铺筑砂石。砂和砂石地基分层铺设操作如图4-9所示。

验收细节：铺筑砂石的每层厚度一般为150～250mm，不宜超过300mm，分层厚度可用样桩控制。如坑底土质较软，第一分层砂石虚铺厚度可酌情增加，增加厚度不计入垫层设计厚度内。如基底土结构性很强时，在垫层最下层宜先铺设150～200mm厚松砂，并用木夯仔细夯实。

图4-9 砂和砂石分层铺设

砂和砂石地基底面宜铺设在同一标高上，如深度不同时，搭接处基土面应挖成踏步或斜坡形，施工应按先深后浅的顺序进行。搭接处应注意压实。

（3）夯实或碾压。砂和砂石地基夯实操作如图4-10所示。

验收细节：大面积的砂石垫层，宜采用6～10t的压路机碾压，边角不到位处可用人力夯或蛙式打夯机夯实，夯实或碾压的遍数根据要求的密实度由现场试验确定。用木夯（落距应保持为400～500mm）、蛙式打夯机时，要一夯压半夯，行行相接，全面夯实，一般不少于3遍。采用压路机往复碾压，一般碾压不少于4遍，其轮距搭接不小于500mm。边缘和转角处应用人工或蛙式打夯机补夯密实。

图4-10 砂石地基夯实操作

甲方工作人员验收要点：甲方工作人员应对夯压操作和整体施工等内容进行验收，具体内容见表4-6和表4-7。

表 4-6　　　　　　　　　　　夯压施工操作质量验收

压实方法	虚铺厚度/mm	含水量/%	施工说明
夯实法	200～250	8～12	用蛙式夯夯实至要求的密实度，一夯压半夯，全面夯实
碾压法	200～300	8～12	用6～10t的平碾往复碾压密实，平碾行驶速度可控制在24km/h，碾压次数以达到要求的密实度为准，一般不少于4遍

表 4-7　　　　　　　　　　砂和砂石地基整体施工质量验收

检验名称	检验方法	质量合格标准
地基承载力	按图纸设计规定方法	符合图纸设计要求或规范要求
配合比	检查拌和时的体积比或质量比	符合图纸设计要求或规范要求
压实系数	现场实测	符合图纸设计要求或规范要求
砂石料有机质含量	烘焙法	砂石料有机质含量≤5mm
砂石料泥含量	水洗法	砂石料泥含量≤5mm
石料粒径	筛分法	石料粒径≤100mm
含水量（与最优含水量比较）	烘干法	含水量（与最优含水量比较）±2%
分层厚度（与设计要求比较）	水准仪	分层厚度（与设计要求比较）±50mm

三、粉煤灰地基施工质量验收

（1）粉煤灰含水量的设置。粉煤灰地基铺设操作如图4-11所示。

验收细节：粉煤灰铺设后，应于当天压完。如压实时含水量过小，呈现松散状态，则应洒水湿润后再压实，洒水的水中不得含有油质，pH值应为6～9。

图 4-11　粉煤灰地基铺设

（2）垫层铺设。粉煤灰垫层铺设如图 4-12 所示。

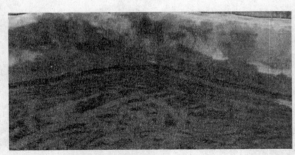

验收细节：垫层应分层铺设与碾压，用机械夯铺设厚度为 200 ～ 300mm。

图 4-12　粉煤灰垫层铺设

甲方工作人员验收要点：甲方工作人员对粉煤灰地基施工进行验收时，应参照表 4-8 进行验收。

表 4-8　　　　　　　　　　　　　　粉煤灰地基施工质量验收

检验名称	检验方法	质量合格标准
压实系数	现场实测	符合图纸设计要求或规范要求
地基承载力	按规定方法	符合图纸设计要求或规范要求
粉煤灰粒径	过筛	粉煤灰粒径控制在 0.001 ～ 2.000mm
氧化铝及二氧化硅含量	试验室化学分析	氧化铝及二氧化硅含量 ≥ 70%
烧失量	试验室烧结法	≤ 12%
每层铺筑厚度	水准仪	每层铺筑厚度 ±50mm
含水量（与最优含水量比较）	取样后试验室确定	含水量（与最优含水量比较）±2%

四、高压喷射注浆施工质量验收

高压喷射注浆操作如图 4-13 所示。

图 4-13　高压喷射注浆施工

甲方工作人员验收要点：甲方工作人员对高压喷射注浆施工质量进行验收时，应参照表4-9的内容进行。

表4-9　　　　　　　　　　　　高压喷射注浆施工质量验收

检验名称	检验方法	质量合格标准
水泥及外掺剂质量	查产品合格证书或抽样送检	查产品合格证书或抽样送检
水泥用量	查看流量表及水泥浆水灰比	查看流量表及水泥浆水灰比
桩体强度或完整性检验	按规定方法	按规定方法
地基承载力	按规定方法	按规定方法
钻孔位置	用钢尺量	钻孔位置≤50mm
钻孔垂直度	经纬仪测钻杆或实测	钻孔垂直度≤1.5%
注浆压力	查看压力表	按设定参数指标检查
桩体搭接	钢尺量	桩体搭接＞200mm
桩体直径	开挖后用钢尺量	桩体直径≤50mm
桩身中心允许偏差	开挖后桩顶下500mm处用钢尺量，D为桩径	桩身中心允许偏差≤0.2D

五、基坑支护施工质量验收

（1）土钉墙施工。土钉墙施工操作如图4-14所示。

验收细节：成孔后应及时安插土钉主筋，立即注浆，防止塌孔。施工过程中，应注意保护定位控制桩、水准基点桩，防止碰撞产生位移。

图4-14　土钉墙现场施工

甲方工作人员验收要点：甲方工作人员对土钉墙施工操作质量验收时，应参照表4-10的内容进行验收。

表 4-10 土钉墙施工操作质量验收的主要内容

名　　称	主要内容
排水设施的设置	（1）水是土钉支护结构最为敏感的问题，不但要在施工前做好降排水工作，还要充分考虑土钉支护结构工作期间地表水及地下水的处理，设置排水构造采取排水措施。 （2）基坑四周地表应加以修整并构筑明沟排水和水泥砂浆或混凝土地面，严防地表水向下渗流
基坑开挖	基坑要按设计要求严格分层分段开挖，在完成上一层作业面土钉与喷射混凝土面达到设计强度的 70% 以前，不得进行下一层土层的开挖。每层开挖最大深度取决于在支护投入工作前土壁可以自稳而不发生滑移破坏的能力，实际工程中常取基坑每层挖深与土钉竖向间距相等。每层开挖的水平分段也取决于土壁自稳能力，且与支护施工流程相互衔接，一般多为 10～20m。当基坑面积较大时，允许在距离基坑四周边坡 8～10m 的基坑中部自由开挖，但应注意与分层作业区的开挖相协调
设置土钉	（1）若土层地质条件较差时，在每步开挖后应尽快做好面层，即对修整后的边壁立即喷上一层薄混凝土或砂浆；若土质较好，可省去该道面层。 （2）土钉设置通常做法是先在土体上成孔，然后置入土钉钢筋并沿全长注浆，也可以是采用专门设备将土钉钢筋击入土体
钻孔	（1）钻孔前应根据设计要求定出孔位并做出标记和编号，钻孔时要保证位置正确（上下左右及角度），防止高低参差不齐和相互交错。 （2）钻进时要比设计深度多 100～200mm，以防止孔深不够
插入土钉钢筋	插入土钉钢筋前要进行清孔检查，若孔中出现局部渗水、塌孔或掉落松土，应立即处理。土钉钢筋置入孔中前，要先在钢筋上安装对中定位支架，以保证钢筋处于孔位中心且注浆后其保护层厚度不小于 25mm。支架沿钉长的间距可为 2～3m，支架可为金属或塑料件，以不妨碍浆体自由流动为宜
注浆	（1）注浆材料宜选用水泥浆、水泥砂架。注浆用水泥砂装的水灰比不宜超过 0.4～0.45，当用水泥净浆时水灰比不宜超过 0.45～0.5，并宜加入适量的速凝剂等外加剂以促进早凝和控制泌水。 （2）一般可采用重力、低压（0.4～0.6MPa）或高压（1～2MPa）注浆，水平孔应采用低压或高压注浆。压力注浆时应在孔口或规定位置设置止浆塞，注满后保持压力 3～5min。重力注浆以满孔为止，但在浆体初凝前需补浆 1～2 次

（2）砖砌挡土墙。砖砌挡土墙施工操作如图 4-15 所示。

验收细节：砌筑挡土墙外露面应留深 10～20mm 勾槽缝，按设计要求勾缝；预埋泄水管应位置准确，泄水孔每隔 2m 设置一个，渗水处适当加密，上下排泄水孔应交错排列；泄水孔向外横坡为 3%，最底层泄水管距地面高度为 30cm。进水口填级配碎石反滤层进行处理。

图 4-15　砖砌挡土墙现场

甲方工作人员验收要点：甲方工作人员对砖砌挡土墙施工进行验收时，应参照表4-11中的内容进行验收。

表4-11　　　　　　　　　　　　　　　砖砌挡土墙施工质量验收的内容

名　　称	主要内容
基础测量放线	根据设计图纸，按围墙中线、高程点测放挡土墙的平面位置和纵段高程，精确测定挡土墙基座主轴线和起讫点，伸缩缝位置，每段的衔接是否顺直，并按施工放样的实际需要增补挡土墙各点的地面高程，并设置施工水准点，在基础表面上弹出轴线及墙身线
基坑开挖	（1）挡土墙基坑采用挖掘机开挖，人工配合挖掘机刷底。基础的部位尺寸、形状埋置深度均按设计要求进行施工。当基础开挖后若发现与设计情况有出入时，应按实际情况调整设计。并向有关部门汇报。 　（2）基础开挖为明挖基坑，在松软地层或陡坡基层地段开挖时，基坑不宜全段贯通，而应采用跳槽办法开挖，以防止上部失稳。当基地土质为碎石土、砂砾土、黏性土等时，将其整平夯实
砂浆拌制	（1）砂浆宜采用机械搅拌，投料顺序应先倒砂、水泥、最后加水。搅拌时间宜为3～5min，不得少于90s。砂浆稠度应控制在50～70mm。 　（2）砂浆配制应采用质量比，砂浆应随拌随用，保持适宜的稠度，一般宜在3～4h使用完毕，当气温超过30℃时，宜在2～3h使用完毕。发生离析、泌水的砂浆，砌筑前应重新拌和，已凝结的砂浆不得使用
扩展基础浇筑	（1）开挖基槽及基础后检查基底尺寸及标高，报请监理工程师验收，浇筑前要检查基坑底预留坡度是否为10%（内低外高），预留坡度的作用是防止墙内土的挤压力引起墙体向外滑动，验收合格后方可浇筑垫层。 　（2）进行放线扩展基础，支模前放出基础底边线和顶边线之间挂线控制挡土墙的坡度

六、浅基础施工质量验收

（1）条形基础施工质量验收。条形基础施工操作，如图4-16所示。

验收细节：基础模板应有足够的强度和稳定性，连接宽度符合规定，模板与混凝土接触面应清理干净并刷隔离剂，基础放线准确；钢筋的品种、质量、焊条的型号应符合设计要求，混凝土的配合比、原材料计量、搅拌养护和施工缝的处理符合施工规范要求。

图4-16　条形基础施工

甲方工作人员验收要点：甲方工作人员对条形基础进行验收时，应参照表4-12的内容进行验收。

表 4-12   条形基础施工操作验收主要内容

名　　称	主要内容
模板的加工及拼装	基础模板一般由侧板、斜撑、平撑组成。基础模板安装时，先在基槽底弹出基础边线，再把侧板对准边线垂直竖立，校正调平无误后，用斜撑和平撑钉牢。如基础较大，可先立基础两端的侧板，校正后在侧板上口拉通线，依照通线再立中间的侧板。当侧板高度大于基础台阶高度时，可在侧板内侧按台阶高度弹准线，并每隔 2m 左右准线上钉圆顶，作为浇捣混凝土的标志。每隔一定距离左侧板上口钉上搭头木，防止模板变形
基础浇筑	基础浇筑分段分层连续进行，一般不留施工缝。各段各层间相互衔接，每段长 2～3m，逐段逐层呈阶梯型推进，注意先使混凝土充满模板边角，然后浇筑中间部分，以保证混凝土密实

（2）独立基础施工质量验收。独立基础施工操作如图 4-17 所示。

验收细节： 浇筑混凝土前检查钢筋位置是否正确，振捣混凝土时防止碰动钢筋，浇完混凝土后立即修正甩筋的位置，防止柱筋、墙筋位移；配置梁箍筋时应按内皮尺寸计算，避免量钢筋骨架尺寸小于设计尺寸；箍筋末端应弯成 135°，平直部分长度为 10 天。

图 4-17　独立基础施工

　　甲方工作人员验收要点：甲方工作人员对独立基础进行验收时，应参照表 4-13 的内容进行验收。

表 4-13   独立基础施工操作验收

名　　称	主要内容
钢筋绑扎	垫层浇灌完成后，混凝土达到 1.2MPa 后，表面弹线进行钢筋绑扎，钢筋绑扎不允许漏扣，柱插筋弯钩部分必须与底板筋成 45º 绑扎，连接点处必须全部绑扎，距底板 5cm 处绑扎第一个箍筋，距基础顶 5cm 处绑扎最后一个箍筋，作为标高控制筋及定位筋，柱插筋最上部再绑扎一道定位筋，上下箍筋及定位箍筋绑扎完成后将柱插筋调整到位并用井字木架临时固定，然后绑扎剩余箍筋，保证柱插筋不变形走样，两道定位筋在基础混凝土浇筑完成后，必须进行更换
模板	钢筋绑扎及相关施工完成后立即进行模板安装，模板采用小钢模或木模，利用架子管或木方加固。锥形基础坡度＜30º 时，采用斜模板支护，利用螺栓与底板钢筋拉紧，防止上浮，模板上设透气和振捣孔，坡度≤30º 时，利用钢丝网（间距 30cm）防止混凝土下坠，上口设井字木控制钢筋位置。不得用重物冲击模板，不准在吊帮的模板上搭设脚手架，保证模板的牢固和严密

名　　称	主要内容
混凝土浇筑	混凝土应分层连续进行，间歇时间不超过混凝土初凝时间，一般不超过 2h，为保证钢筋位置正确，先浇一层 5～10cm 混凝土固定钢筋。台阶型基础每一台阶高度整体浇筑，每浇筑完一台阶停顿 0.5h 待其下沉，再浇上一层。分层下料，每层厚度为振动棒的有效长度。防止由于下料过厚、振捣不实或漏振、吊帮的根部砂浆涌出等原因造成蜂窝、麻面或孔洞
混凝土找平	混凝土浇筑后，表面比较大的混凝土，使用平板振捣器振一遍，然后用刮杆刮平，再用木抹子搓平。收面前必须校核混凝土表面标高，不符合要求处立即整改

七、静压力桩施工质量验收

静压力桩施工操作，如图 4-18 所示。

验收细节： 对建筑物基线以外 4～6m 以内的整个区域及打桩机行驶路线范围内的场地进行平整、夯实。在桩架移动路线上，地面坡度不得大于 1%。

图 4-18　静压力桩施工

甲方工作人员验收要点：甲方工作人员对静压力桩施工时，应参照表 4-14 的内容进行验收。

表 4-14　　　　　　　　　　静压力桩施工质量验收

检验名称	检验方法	质量合格标准
桩位偏差	钢尺检查	桩数为 1～3 根桩基中的桩、允许偏差 100mm； 桩数为 4～16 根桩基中的桩、允许偏差 1/2 桩径或边长； 桩数为大于 16 根桩基中的桩：最外边的桩、允许偏差 1/3 桩径或边长；中间桩、允许偏差 1/2 桩径或边长
成品桩外观	直接观测	表面平整，颜色均匀，掉角深度＜10mm，蜂窝面积小于总面积的 0.5%
成品桩强度	查产品合格证书或钻芯试压	满足图纸设计要求或规范规定
硫黄胶泥质量（半成品）	查产品合格证书或抽样送检	满足图纸设计要求或规范规定

续表

检验名称	检验方法	质量合格标准
接桩	秒表测定	电焊接桩：电焊结束后停歇时间 > 1.0min； 硫黄胶泥接桩：胶泥注胶时间 < 2min；浇注后停歇时间 > 7min
电焊条质量	查产品合格证书	符合设计要求
压桩压力（设计有要求时）	查压力表读数	压桩压力（设计有要求时）±5%
桩顶标高	水准仪检测	桩顶标高 ±50mm

八、钢桩施工质量验收

钢桩施工操作，如图 4-19 所示。

验收细节：钢管桩打入 1 ～ 2m 后，应重新用经纬仪校正垂直度，当打至一定深度并经复核打桩质量良好时，再连续进行击打，直至高出地面 60 ～ 80cm，停止锤击，进行接桩，再重复上述步骤，直至达到设计标高。

图 4-19　打桩施工

甲方工作人员验收要点：甲方工作人员对钢桩施工时，应参照表 4-15 的内容进行验收。

表 4-15　　　　　　　　　　　　钢桩施工质量验收

检验名称	检验方法	质量合格标准
桩位偏差	钢尺检查	桩数为 1 ～ 3 根桩基中的桩、允许偏差 100mm； 桩数为 4 ～ 16 根桩基中的桩、允许偏差 1/2 桩径或边长； 桩数为大于 16 根桩基中的桩：最外边的桩、允许偏差 1/3 桩径或边长；中间桩、允许偏差 1/2 桩径或边长
焊缝咬边深度	焊缝检查仪	焊缝咬边深度 ≤ 0.5mm
焊缝加强层高度	焊缝检查仪	焊缝加强层高度 ±2mm
焊缝加强层宽度	焊缝检查仪	焊缝加强层宽度 ±2mm

续表

检验名称	检验方法	质量合格标准
焊缝点焊质量外观	直接观测	无气孔，无焊瘤，无裂缝
焊缝探伤检验	按图纸设计要求	满足图纸设计要求
电焊结束后停歇时间	按设计要求	> 1.0min
节点弯曲矢量	用钢尺量	< 1/1000，1为桩长
桩顶标高	水准仪	±50mm

九、混凝土预制桩施工质量验收

混凝土预制桩施工，如图 4-20 所示。

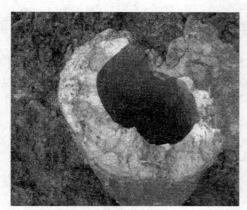

验收细节： 施工中应对桩体垂直度、沉桩情况、桩顶完整状况、接桩质量等进行检查。对电焊接桩，重要工程应做 10% 的焊缝探伤检查。

图 4-20　混凝土预制桩施工

甲方工作人员验收要点：甲方工作人员对混凝土预制桩进行验收时，应参照表 4-16 和表 4-17 进行验收。

表 4-16　　　　　　　　　　混凝土预制桩钢筋骨架质量验收

检验名称	检验方法	质量合格标准
主筋距桩顶距离	钢尺检查	允许偏差 ±5mm
多节桩锚固钢筋位置	钢尺检查	允许偏差 5mm
多节桩预埋铁件	钢尺检查	允许偏差 ±3mm
主筋保护层厚度	钢尺检查	允许偏差 ±5mm
主筋间距	钢尺检查	允许偏差 ±5mm
桩尖中心线	钢尺检查	允许偏差 10mm
箍筋间距	钢尺检查	允许偏差 ±20mm
桩顶钢筋网片	钢尺检查	允许偏差 ±10mm
多节桩锚固钢筋长度	钢尺检查	允许偏差 ±10mm

表 4-17 钢筋混凝土预制桩质量验收

检验名称	检验方法	质量合格标准
桩体质量检查	按基桩检测技术规范	符合基桩检测技术规范
桩位偏差	钢尺检查	桩数为 1～3 根桩基中的桩，允许偏差 100mm；桩数为 4～16 根桩基中的桩，允许偏差 1/2 桩径或边长；桩数为大于 16 根桩基中的桩：最外边的桩，允许偏差 1/3 桩径或边长；中间桩，允许偏差 1/2 桩径或边长
承载力	按基桩检测技术规范	符合基桩检测技术规范
成品桩外形	直接观测	表面平整，颜色均匀，掉角深度 < 10mm。蜂窝面积小于总面积的 0.5%
成品桩裂缝	裂缝测定仪	深度 < 20mm，宽度 < 0.25mm，横向裂缝不超过边长的一半
成品桩尺寸	钢尺检查	横截面边长允许偏差 ±5mm；桩顶对角线差允许偏差 < 10mm；桩尖中心线允许偏差 < 10mm；桩顶平整度 < 2mm
电焊接桩	秒表测定、钢尺检查	电焊结束后停歇时间允许偏差 > 1.0mm；上下节平面允许偏差 < 10mm
硫黄胶泥接桩	秒表测定	胶泥浇筑时间允许偏差 < 2min；浇筑后停歇时间 > 7min
桩顶标高	水准仪检测	允许偏差 ±50mm

第三节　基础防水施工质量验收

一、防水混凝土施工质量验收

（1）混凝土拌制。混凝土现场拌制如图 4-21 所示。

验收细节：必须严格按试验室的配合比通知单投料，按石子、水泥、砂的顺序装入上料斗内，先干拌 0.5～1min 再加水，加水后搅拌时间不应少于 2min，坍落度控制在 30～50mm，一般为 30mm 左右。散装水泥、砂、石务必每车过秤。雨季施工期间对砂、石每天测定含水率，以便调整用水量。

图 4-21　混凝土现场拌制

　甲方工作人员验收要点：甲方工作人员对混凝土拌制质量验收时，应参照表 4-18 的内容进行。

表 4-18　　　　　　　　　　　　混凝土各组成材料计量结果的允许偏差

混凝土组成材料	每盘计量 /%	累计计量 /%
水泥、掺合料	±2	±1
粗、细骨料	±3	±2
水、外加剂	±2	±1

（2）混凝土坍落度检测。混凝土坍落度检测操作如图 4-22 所示。

验收细节：混凝土强度等级小于 C50 时，坍落度应小于 180mm；混凝土强度大于 C50 时，坍落度应大于 180mm。

图 4-22　混凝土坍落度检测

甲方工作人员验收要点：混凝土坍落度检测质量验收的具体内容见表 4-19。

表 4-19　　　　　　　　　　　　混凝土坍落度允许偏差

要求坍落度 /mm	允许偏差 /mm
≤ 40	±10
50 ～ 90	±15
≥ 100	±20

（3）防水混凝土抗渗性能检测。防水混凝土抗渗性能检测时，应采用标准条件下养护混凝土抗渗试件的试验结果评定，试件应在浇筑地点制作，如图 4-23 所示。

验收细节：连续浇筑混凝土每 500m³ 应留置一组抗渗试件（一组为 6 个抗渗试件），且每项工程不得少于两组。采用预拌混凝土的抗渗试件，留置组数应视结构的规模和要求而定。

图 4-23　抗渗混凝土试块现场制作

（4）防水混凝土浇筑。混凝土浇筑施工操作如图 4-24 所示。

验收细节：抽查面积以地下混凝土工程总面积的 1/10 来考虑，具有足够的代表性。细部构造是地下防水工程漏水的薄弱环节，细部构造一般是独立的部位，一旦出现渗漏难以修补，不能以抽检的百分率来确定地下防水工程的整体质量，因此施工质量检查时应全数检查。

图 4-24　防水混凝土浇筑施工

甲方工作人员验收要点：甲方工作人员对防水混凝土进行验收时，应参照表 4-20 的内容进行。

表 4-20　　　　　　　　　防水混凝土分项工程检验批质量检查

检验名称	检查数量	检验方法	质量合格标准
原材料、配合比及坍落度	全数检查	检查出厂合格证、质量检验报告、计量措施和现场抽样试验报告	必须符合设计要求
抗压强度和抗渗压力	全数检查	检查混凝土抗压、抗渗性能报告	必须符合设计要求
变形缝、施工缝、后浇带、穿墙管道、预埋件	全数检查	观察检验和检验隐蔽工程验收记录	符合设计要求，严禁有渗漏
防水混凝土结构表面	按混凝土外露面积每 100m² 抽查一处，每处 10m²，且不得少于 3 处	观察和尺量检查	应坚实、平整，不得有露筋、蜂窝等缺陷；预埋件位置应正确
结构表面的裂缝宽度	全数检查	用刻度放大镜检查	≤ 0.2mm，并不得贯通
防水混凝土结构厚度	按混凝土外露面积每 100m² 抽查一处，每处 10m²，且不得少于 3 处	尺量检查和检查隐蔽工程验收记录	结构厚度 ≥ 250mm；允许偏差：+15mm，−10mm
防水混凝土迎水面钢筋保护层厚度	按混凝土外露面积每处 100m² 抽查一处，每处 10m²，且不得少于 3 处	尺量检查和检查隐蔽工程验收记录	≥ 50mm，允许偏差 ±10mm

二、水泥砂浆防水层施工质量验收

（1）水泥砂浆防水层材料检验。防水砂浆拌制如图 4-25 所示。

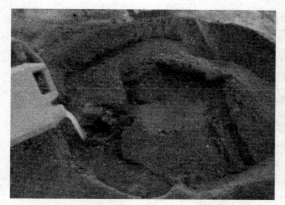

验收细节：（1）水泥应使用普通硅酸盐水泥、硅酸盐水泥或特种水泥，不得使用过期或受潮结块水泥；（2）砂宜采用中砂，含泥量不应大于1%，硫化物及硫酸盐含量不应大于1%；（3）用于拌制水泥砂浆的水，应采用不含有害物质的洁净水；（4）聚合物乳液的外观为均匀液体，无杂质、无沉淀、不分层。

图 4-25　防水砂浆拌制

（2）基层处理施工质量检验。基层处理施工操作如图 4-26 所示。

验收细节：（1）基层表面应平整、坚实、清洁，并应充分湿润，无明水；（2）基层表面的孔洞、缝隙，应采用与防水层相同的水泥砂浆堵塞并抹平；（3）施工前应将埋设件、穿墙管预留凹槽内嵌填密封材料后，再进行水泥砂浆防水层施工。

图 4-26　基层处理操作施工

（3）水泥砂浆防水层施工质量检验。水泥砂浆防水层施工操作如图 4-27 所示。

验收细节：（1）防水层各层应紧密粘合，每层宜连续施工，必须留设施工缝时，应采用阶梯坡形槎，但与阴阳角处的距离不得小于200mm；（2）水泥砂浆终凝后应及时进行养护，养护温度不宜低于5℃，并保持砂浆表面湿润，养护时间不得少于14天；（3）水泥砂浆防水层分项工程检验批的抽样检验数量，应按施工面积每100m² 抽查1处，每处10m² 且不得少于3处。

图 4-27　水泥砂浆防水层施工

　　甲方工作人员验收要点：甲方工作人员对水泥砂浆防水层进行验收时，应参照表 4-21 的内容进行。

表 4-21   水泥砂浆防水层施工质量验收

名　　称	检验方法	质量合格标准
原材料及配合比检验	检查产品合格证、产品性能检测报告、计量措施和材料进场检验报告	符合设计要求
砂浆黏结强度和抗渗性能检验	检查砂浆黏结强度、抗渗性能检验报告	符合设计要求
防水层与基层结合处检验	观察和用小锤轻击检查	结合牢固，无空鼓现象
防水层表面检验	观察检查	表面应密实、平整，不得有裂纹、起砂、麻面等缺陷
防水层施工缝留槎处检验	观察检查和检查隐蔽工程验收记录	水泥砂浆防水层施工缝留槎位置应正确，接槎应按层次顺序操作，层层搭接紧密
防水层厚度检验	用针测法检查	水泥砂浆防水层的平均厚度应符合设计要求，最小厚度不得小于设计厚度的 85%
防水层表面平整度检验	用 2m 靠尺和楔形塞尺检查	水泥砂浆防水层表面平整度的允许偏差应为 5mm

三、卷材防水层施工质量验收

（1）基层清理。基层处理操作如图 4-28 所示。

　　验收细节：施工前将验收合格的基层清理干净、平整牢固、保持干燥。

图 4-28　基层处理施工

（2）涂刷基层处理剂。涂刷基层处理剂操作如图 4-29 所示。

　　验收细节：在基层表面满刷一道用汽油稀释的高聚物改性沥青溶液，涂刷应均匀，不得有露底或堆积现象，也不得反复涂刷，涂刷后在常温经过 4h 后（以不粘脚为准）开始铺贴卷材。

图 4-29　涂刷基层处理剂

（3）卷材搭接。卷材搭接施工操作如图 4-30 所示。

验收细节：卷材的短边和长边搭接宽度均应大于 100mm。同一层相邻两幅卷材的横向接缝应彼此错开 1500mm 以上，避免接缝部位集中。地下室的立面与平面的转角处，卷材的接缝应留在底板的平面上，距离立面应不小于 600mm。

图 4-30　防水卷材搭接

甲方工作人员验收要点：甲方工作人员对卷材防水层施工进行验收时，应参照表 4-22 和表 4-23 的内容进行。

表 4-22　　　　　　　　　　　卷材搭接施工质量验收的主要内容

卷材品种	搭接宽度 /mm
弹性体改性沥青防水卷材	100
改性沥青聚乙烯胎防水卷材	100
自粘聚合物改性沥青防水卷材	80
三元乙丙橡胶防水卷材	100/60（胶黏剂 / 胶黏带）
聚氯乙烯防水卷材	60/80（单焊缝 / 双焊缝）
	100（胶黏剂）
聚乙烯丙纶复合防水卷材	100（黏结料）
高分子自粘胶膜防水卷材	70/80（自粘胶 / 胶黏带）

表 4-23　　　　　　　　　　　卷材防水层施工验收要点

检验名称	检查数量	检验方法	质量合格标准
卷材防水层所用卷材及主要配套材料	全数检查	检查出厂合格证、质量检验报告和现场抽样试验报告	符合设计要求
卷材防水层及其转角处、变形缝、穿墙管道等细部做法	全数检查	观察检查和检查隐蔽工程验收记录	符合设计要求
卷材防水层的基层	按防水层铺贴面积每 100m² 抽查 1 处，每处 10m²，且不得少于 3 处	观察检查和检查隐蔽工程验收记录	基层应牢固，基面应洁净、平整，不得有空鼓、松动、起砂和脱皮现象；基层阴阳角处应做成圆弧形
卷材防水层的搭接处	按防水层铺贴面积每 100m² 抽查 1 处，每处 10m²，且不得少于 3 处	观察检查	搭接缝应黏结牢固，密封严密，不得有皱折、翘边和鼓包等缺陷

续表

检验名称	检查数量	检验方法	质量合格标准
侧墙卷材防水层的保护层与防水层的黏结	按防水层铺贴面积每 100m² 抽查 1 处，每处 10m²，且不得少于 3 处	观察检查	卷材防水层的保护层与防水层应黏结牢固，结合紧密、厚度均匀一致
卷材搭接宽度	按防水层铺贴面积每 100m² 抽查 1 处，每处 10m²，且不得少于 3 处	观察和尺量检查	应符合设计要求，允许偏差为 -10mm

四、涂料防水层施工质量验收

涂料防水层施工操作，如图 4-31 所示。

验收细节：（1）涂料防水层的甩槎处接槎宽度不应小于100mm，接涂前应将其甩槎表面处理干净；（2）涂料应分层涂刷或喷涂，涂层应均匀，涂刷应待前遍涂层干燥成膜后进行。每遍涂刷时应交替改变涂层的涂刷方向，同层涂膜的先后搭压宽度宜为 30～50mm；（3）采用有机防水涂料时，基层阴阳角处应做成圆弧；在转角处、变形缝、施工缝、穿墙管等部位应增加胎体增强材料和增涂防水涂料，宽度不应小于500mm。

图 4-31　涂料防水层施工

甲方工作人员验收要点：甲方工作人员对涂料防水层施工进行验收时，应参照表 4-24 的内容进行。

表 4-24　　　　　　　　　　　涂料防水层施工质量验收要点

名　　称	检验方法	质量合格标准
所用材料及配合比检查	检查产品合格证、产品性能检测报告、计量措施和材料进场检验报告	涂料防水层所用材料及配合比必须符合设计要求
防水层厚度检查	用针测法检查	涂料防水层的平均厚度应符合设计要求，最小厚度不得小于设计厚度的 90%
细部做法检查	观察检查和检查隐蔽工程验收记录	涂料防水层在转角处、变形缝、穿墙管等部位做法必须符合设计要求
防水层与基层结合处检查	观察检查	涂料防水层应与基层黏结牢固，涂刷均匀，不得流淌、鼓包、露槎
涂层间夹铺胎体增强材料检查	观察检查	涂层间夹铺胎体增强材料时，应使防水涂料浸透胎体覆盖完全，不得有胎体外露现象
侧墙防水保护层与防水层结合处检查	观察检查	侧墙涂料防水层的保护层与防水层应结合紧密，保护层厚度应符合设计要求

第五节 不良地基处理操作

一、特殊地基的处理

1. 松土地基的处理

在基槽或基坑中，有局部地层发现比较松软的土层。这种土层对地基的承载力影响较大，必须进行处理。一般可以采取以下几种处理方法。

（1）基础开挖结束后，应对基土进行钎探，其目的就是通过钢钎打入地基一定深度的击打次数，判断地基持力土质是否分布均匀、平面分布范围和垂直分布的深度。

（2）打完钎孔，如无不良现象，即可进行灌砂处理。灌砂处理时，每灌入300mm深可用平头钢筋棒捣实一次。

（3）当基槽或基坑开挖后，发现基槽或基坑的中间部位有松土坑时，首先要探明松土坑的深度，将坑中的松软土挖除，使坑的四壁和坑底均见到天然土。如天然土为较密实的黏性土时，用3∶7灰土回填夯实；当天然土为砂土时，用砂或级配砂石回填；天然土若为中密可塑的黏性土或新近沉积黏性土时，可用2∶8灰土分层回填夯实。各类分层回填厚度不得超过200mm。

（4）松软土坑在基槽或基坑中范围过大，且超过了槽、坑的边缘，并且超过部分还挖不到天然土层时，只将松软土坑下部的松土挖出，并且应超过槽、坑边不少于1m，然后按第（2）条的内容进行处理。

（5）松土坑深度大于槽宽或者超过1.5m，这时将松土挖出至天然土，然后用砂石或灰土处理夯实后，在灰土基础上1～2皮砖处或混凝土基础内，防潮层下1～2皮砖处及首层顶板处，加配$\phi 8 ～12$钢筋，长度应为在松土坑宽度的基础上再加1m，以防该处产生不均匀沉降，导致墙体开裂。

（6）土坑长度超过5m，应挖出松土，如果坑底土质与槽、坑底土质相同时，可将此部分基础加深，做成1∶2踏步与同端相连，每步高不大于500mm，长度不大于1m。

（7）当松土已挖至水位时，应将松土全部挖去，再用砂石或混凝土回填。如坑底在地下水位以下，回填前先用1∶3粗砂与碎石分层回填密实，地下水位以上用3∶7灰土回填夯实至与基槽、坑底相平。

2. 膨胀土地基处理

膨胀土是一种黏性土，在一定荷载作用下受水潮湿时，土体膨胀；干燥失水时，土体收缩，具有这种性质的土称为膨胀土。膨胀土地基对建筑物有较大的危害性，必须进行处理。

（1）建筑物应尽量建在地势平坦地段，避免挖方与填方改变土层条件和引起湿度过大变化。

（2）组织好地面排水，使场地积水不流向建筑物或构造物，以免雨水浸泡或渗透。散水宽度不宜大于 1.5m。高耸建筑物、构造物的散水应超出基础外缘 0.5～1m。散水外缘可设明沟，但应防止断裂。

（3）砖混建筑物的两端不宜设大开间。横墙基础隔段宜前后贯通。

（4）在建筑物周围植树时，应使树与建筑物隔开一定距离，一般不小于 5m 或设置为成年树的高度。

（5）建筑物地面，一般宜做块料面层，采用砂、块石等做垫层。经常受水浸湿或可能积水的地面及排水沟，应采用不漏水材料。

3. 橡皮土的处理

在夯打击实回填土的过程中，可能因黏性土中含水量较大，导致"橡皮土"的产生。处理要点如下。

（1）在回填土方时，一定要控制土中的含水量，一般含水量不得大于 12%，也不得小于 8%。如果含水率超过最大含水量时，应进行风干处理。

（2）如橡皮土面积较大，则可采用换土的方法，先挖除橡皮土，然后用 3∶7 灰土或砂石混合后回填夯实。

（3）荷载较大的房屋基础，也可采用 300mm 的毛石块，依次夯入土中，直至打不下去为止，然后在其上面满铺 50～100mm 的碎石再夯实。

4. 冻土地基处理

冻胀性土具有极大的不稳定性。在寒冷地区，当温度在 0℃ 以下时，由于土中的水分结冰后产生体积膨胀，导致土体结构破坏；气温升高后，冰冻融化、体积缩小而下沉，使上部建筑结构产生不均匀下沉，造成墙体开裂、倾斜或者倒塌。

（1）在严寒地区，为防止基土冻胀力和冻切力对建筑物的破坏，须选择地势高、地下水位低的场地，上部结构宜选择对冻土变形适应性较好的结构类型，做好场地排水设计。

（2）选择建房位置时，应选在干燥、平缓的高阶地上或地下水位低、土的冻胀性较小的建筑场地上。

（3）合理选择基础的埋置深度，采用对克服冻切力较有利的基础形式，如有大放脚的带形基础、阶梯式柱基础、爆扩桩、筏板基础。

（4）基础埋深应在受冰冻影响的永冻土层或不冻胀土层之上。基础梁下有冻胀土时，应在梁下填充膨胀珍珠岩或炉渣等松散材料，并有 100mm 左右的空隙。室外散水、坡道、台阶均要与主体结构脱离，散水坡下应填充砂、炉渣等非冻胀性材料。

二、基础施工常见质量问题

1. 开挖时塌方和滑坡

（1）现象。在挖土方时，土体或岩体由于受到人工、机械振动以及地表或地面水的影响，或是在斜坡地段施工时，边坡的大量土体或岩体在重力作用下，软弱结构层就会沿着一定方向整体向下塌陷或滑动，造成基槽破坏或影响相邻建筑的安全，危害比较严重。

（2）引起滑坡的原因。

1）挖方现场离交通公路比较近，且车辆通行频率也比较高，或者有爆破作业等，产生不同频率的振动，使土体或岩体内部结构分子不能相互结合而产生分离，内部摩擦力降低，土体或岩体失控而下滑。

2）挖方时因长期下雨，导致土体内含水量过大，在挖方时加之有振动，使上部土体或岩体在自重作用下沿软弱结构发生滑坡。

3）边坡坡度不符合要求，倾角过大，土体因剪切应力增加和内聚应力减弱，导致土体失稳而滑动。

4）由于地震或河流的冲积，土体或岩体内部产生断层、裂缝或空洞。开挖时由于对这些结构缺陷未提前发现而产生滑坡。

5）挖土时，将挖出的土料堆放在边坡的一侧，由于堆积量的增加，土体或岩体无法承重而产生滑坡。

6）土质松软，开挖次序、方法不当。

2. 室内、外回填土夯打不密实

（1）现象。回填的室内、外土方不易被压实，房屋建成后地面下沉、开裂甚至塌陷。

（2）原因。

1）所用的回填土质量不符合规定，土中含有大量的有机杂质或者是冰冻土、陈旧土等。

2）回填方基底为耕植土或松土，或是池塘、水田、沟渠等过去蓄水的地段。

3）山坡上填方时土体不易被固定，产生向下滑移的现象。

4）回填土料中含水分过大，在夯打的过程中形成了"橡皮泥"。

5）回填土的厚度过大。

3. 灰土垫层密实度低

（1）现象。灰土垫层的回填多指基槽或基坑的回填，如果这些部位密实度低，将会导致基础产生不均匀沉降、墙体开裂、结构破坏等现象，影响整个建筑的安全。

（2）原因。

1）灰土的比例失控，或者使用的土中含有大量的有机物，或者石灰未进行消化处理，灰土中含有大的石灰块或未烧透的石灰石。

2）灰土中含有较多的水分，在夯击过程中形成"橡皮泥"，或者是灰土中水分过低，夯击时不能成形。

3）虚铺厚度过厚，夯击力达不到虚铺的底部。

4）施工中接槎过多并且接槎形式不符合要求。

4. 基础轴线位移

（1）现象。基础轴线位移多指基础墙砌至 ±0.000 处时，基础墙轴线与上部墙体轴线产生偏差，或是隔墙轴线在丁字接槎处产生位移，也就是砖基础位置偏移比毛石基础轴线偏移大于 20mm；料石基础偏移大于 10～20mm。这些现象在自建小别墅中特别普遍。由于基础墙体产生偏心受压，则会减小基础墙体的承载能力，影响结构受力性能。

（2）原因。

1）基础排砖撂底时未进行放线，仅用钢尺进行量测就开始砌筑，从砌筑开始就产生了误差。

2）在砌筑过程中，由于对基础大放脚向内收砖退台时尺寸掌握不准确，产生退台收砖砌筑误差。

3）在进行基础放线定位时，由于隔墙轴线的定位木桩是在基槽边线上，开挖基槽时隔墙轴线木桩被挖掉或者是直接用钢尺排出隔墙轴线后未设木桩，在砌筑基础隔墙时未按准线施工而造成偏差。

5. 防潮层不防潮

（1）现象。由于基础防潮层不防潮，导致墙体泛碱，抹灰砂浆大片脱落，内墙底部潮湿。

（2）原因。

1）防潮层中防水砂浆中掺合的防水剂用量过少，达不到防潮的作用。

2）防潮层砂浆铺设的厚度达不到要求，起不到防潮的作用。

3）防潮层在后道工序中被破坏；冬期施工时因防潮层受冻而失效。

第五章　结构工程施工质量验收

第一节　混凝土施工质量验收

一、钢筋分项工程施工质量验收

1. 钢筋加工质量验收

（1）钢筋调直。钢筋调直施工操作如图 5-1 所示。

验收细节：当采用冷拉方法调直时，HPB235、HPB300 光圆钢筋的冷拉率不宜大于 4%；HRB35、HRB400、HRB500、HRBF335、HRBF400、HRBF500 及 RRB 带肋钢筋的冷拉率不宜大于 1%。

图 5-1　钢筋调直

甲方工作人员验收要点：甲方工作人员对钢筋调直操作进行验收时，应参照表 5-1 和表 5-2 的内容进行验收。

表 5-1　　　　　　　　　　钢筋调直后的断后伸长率、重量负偏差规定

钢筋牌号	断后伸长率 A/（%）	单位长度重量偏差		
		直径 6～12mm	直径 14～20mm	直径 22～50mm
HPB300	≥21	≤10	—	—
HRB335、HRBF335	≥16	≤8	≤6	≤5
HRB400、HRBF400	≥15	≤8	≤6	≤5
RRB400	≥13	≤8	≤6	≤5
HRB500、HRBF500	≥14	≤8	≤6	≤5

表 5-2 钢筋调直操作验收的具体内容

名　称	内　容
检验方法	观察、钢尺检查
检验数量	按每工作班同一类型钢筋、同一加工设备抽查不应少于 3 件
质量合格标准	当采用冷拉法调直时，HPB300 光圆钢筋的冷拉率不宜大于 4%；HRB335、HRB400、HRB500、HRBF335、HRBF400、HRBF500 及 RRB400 带肋钢筋的冷拉率不宜大于 1%

（2）钢筋弯曲成型。

1）受力钢筋的弯钩和弯折加工操作如图 5-2 所示。

图 5-2　柱中受力筋弯钩加工

甲方工作人员验收要点：甲方工作人员对受力钢筋的弯钩和弯折加工操作进行验收时，应参照表 5-3 的内容进行验收。

表 5-3 受力钢筋的弯钩和弯折加工质量验收

名　称	内　容	图　例
钢筋末端作 180° 弯钩	HPB300 级钢筋末端应作 180° 弯钩，其弯弧内直径不应小于钢筋直径的 1.5 倍，弯钩的弯后平直部分长度不应小于钢筋直径的 3 倍	
钢筋末端作 135° 弯钩	当设计要求钢筋末端需作 135° 弯钩时，HRB3335 级 HRB400 级钢筋的弯弧内直径不应小于钢筋直径的 4 倍	
钢筋末端作 90° 弯钩	钢筋作不大于 90° 的弯折时，弯折处的弯弧内直径不应小于钢筋直径的 5 倍	

2）箍筋弯钩加工操作如图 5-3 所示。

验收细节：矩形箍筋下料长度可按下列公式计算：

箍筋下料长度＝箍筋周长＋箍筋调整值

式中 箍筋周长＝2×（外包宽度＋外包长度）；

外包宽度＝$b-2c+2d$；

外包长度＝$h-2c+2d$；

$b×h$——构件横截面宽×高；

c——纵向钢筋的保护层厚度；

d——箍筋直径。

图 5-3 箍筋弯钩加工

甲方工作人员验收要点：甲方工作人员对箍筋弯钩质量加工质量验收时，应参照表 5-4 和表 5-5 的内容进行验收。

表 5-4 箍筋弯钩加工质量验收

名 称	内 容
检验方法	观察、钢尺检查
检验数量	按每工作班同一类型钢筋、同一加工设备抽查不应少于 3 件
质量合格标准	（1）箍筋弯钩的弯弧内直径除应满足上述的规定外，尚应不小于受力钢筋直径； （2）箍筋弯钩的弯折角度：对一般结构，不应小于 90°；对有抗震等要求的结构，应为 135°； （3）箍筋后平直部分长度：对一般结构，不宜小于箍筋直径的 5 倍；对有抗震等要求的结构，不应小于箍筋直径的 10 倍

表 5-5 箍筋调整值表

箍筋量度方法	箍筋直径 /mm			
	4～5	6	8	10～12
内皮尺寸	80	100	120	150～170
外皮尺寸	40	50	60	70

2. 钢筋连接质量验收

（1）钢筋电弧焊接质量验收。钢筋电弧焊接施工操作如图 5-4 所示。

验收细节：钢筋与钢板搭接焊时，HPB300 钢筋的搭接长度 L 不得小于 4 倍钢筋直径。HRB335 和 HRB400 钢筋的搭接长度 L 不得小于 5 倍钢筋直径，焊缝宽度 b 不得小于钢筋直径的 0.6 倍，焊缝厚度 S 不得小于钢筋直径的 0.35 倍。

图 5-4 钢筋电弧焊接

甲方工作人员验收要点：甲方工作人员对钢筋电弧焊接施工质量验收时，应参照表 5-6 的内容进行验收。

表 5-6　　　　　　　　　　　　　　钢筋电弧焊接施工质量验收

步　骤	主要内容
确定取样数量	电弧焊接头外观检查，应在清渣后逐个进行目测或量测。当进行力学性能试验时，应按下面的规定抽取试件。 （1）在现浇混凝土结构中，应以 300 个同牌号钢筋、同形式接头作为一批；在房屋结构中，应在不超过两层楼中 300 个同牌号钢筋、同形式接头作为一批。每批随机切取 3 个接头，做拉伸试验。 （2）在装配式结构中，可按生产条件制作模拟试件，每批 3 个，做拉伸试验。 （3）钢筋与钢板电弧搭接焊接头可只进行外观检查
外观检查	焊缝表面应平整，不得有凹陷或焊瘤；焊接接头区域不得有肉眼可见的裂纹；坡口焊、熔槽帮条焊和窄间隙焊接头的焊缝余高不得大于 3mm
拉伸试验	钢筋电弧焊接头拉伸试验结果应符合下面的要求。 （1）3 个热轧钢筋接头试件的抗拉强度均不得小于该级别钢筋规定的抗拉强度。 （2）3 个接头试件均应断于焊缝之外，并应至少有 2 个试件呈延性断裂。 当试验结果有一个试件的抗拉强度小于规定值，或有 1 个试件断于焊缝，或有 2 个试件发生脆性断裂时，应再取 6 个试件进行复验。复验结果当有 1 个试件抗拉强度小于规定值，或有 1 个试件断于焊缝，或有 3 个试件呈脆性断裂时，应确认该批接头不合格

（2）钢筋气压焊接质量验收。钢筋气压焊接操作施工如图 5-5 所示。

验收细节：（1）接头部位两钢筋轴线不在同一直线上时，其弯折角不得大于 4°；当超过限量时，应重新加热校正。

（2）镦粗区最大直径应为钢筋公称直径的 1.4 ～ 1.6 倍，长度应为钢筋公称直径的 0.9 ～ 1.2 倍，且凸起部分平缓圆滑。

（3）镦粗区最大直径处应为压焊面。若有偏移，其最大偏移量不得大于钢筋公称直径的 0.2 倍。

图 5-5　钢筋气压焊接

甲方工作人员验收要点：甲方工作人员对钢筋气压焊接施工质量验收时，应参照表 5-7 的内容进行验收。

表 5-7　　　　　　　　　　　　　　　钢筋气压焊接施工质量验收

名　　称	质量合格标准
确定取样数量	气压焊接头应逐个进行外观检查。当进行力学性能试验时，应从每批接头中随机切取 3 个接头做拉伸试验；在梁、板的水平钢筋连接中，应另切取 3 个接头做弯曲试验，且应按下面的规定抽取试件： （1）在现浇钢筋混凝土结构中，应以 300 个同牌号钢筋接头作为一批；在房屋结构中，应在不超过两层楼中 300 个同牌号钢筋接头作为一批；当不足 300 个接头时，仍应作为一批。 （2）在柱、墙的竖向钢筋连接中，应从每批接头中随机切取 3 个接头做拉伸试验；在梁、板的水平钢筋连接中，应另切取 3 个接头做弯曲试验
外观检查	（1）接头处的轴线偏移不得大于钢筋直径的 0.15 倍，且不得大于 4mm；不同直径钢筋焊接时，应按较小钢筋直径计算；当大于上述规定值，但在钢筋直径的 0.30 倍以下时，可加热矫正；当大于钢筋直径的 0.30 倍时，应切除重焊。 （2）镦粗直径不得小于钢筋直径的 1.4 倍，当小于上述规定值时，应重新加热镦粗。 （3）镦粗长度不得小于钢筋直径的 1.0 倍，且凸起部分应平缓圆滑，当小于上述规定值时，应重新加热镦长。 （4）压焊面偏移 d_h 不得大于钢筋直径的 0.2 倍
拉伸试验	气压焊接头拉伸试验结果，3 个试件的抗拉强度均不得小于该级别钢筋规定的抗拉强度，并应断于压焊面之外，呈延性断裂。当有 1 个试件不符合要求时，应切取 6 个试件进行复验；复验结果，当仍有 1 个试件不符合要求时，应确认该批接头不合格

（3）钢筋电渣压力焊。钢筋电渣压力焊施工操作如图 5-6 所示。

验收细节：在钢筋电渣压力焊的焊接生产中，焊工应认真进行自检，若发现偏心、弯折、烧伤、焊包不饱满等焊接缺陷，应切除接头重焊，并查找原因，及时消除。切除接头时，应切除热影响区的钢筋，即离焊缝中心约为 1.1 倍钢筋直径的长度范围内部分。

图 5-6　钢筋电渣压力焊

甲方工作人员验收要点：甲方工作人员对钢筋电渣压力焊施工进行质量验收时，应参照表 5-8 的内容进行验收。

表 5-8　　　　　　　　　　　　　　钢筋电渣压力焊焊接施工质量验收

名　　称	质量合格标准
确定取样数量	电渣压力焊接头应逐个进行外观检查，当进行力学性能试验时，应从每批接头中随机切取 3 个试件做拉伸试验，且应按下面的规定抽取试件： （1）在现浇钢筋混凝土结构中，应以 300 个同牌号钢筋接头作为一批。 （2）在房屋结构中，应在不超过两层楼中 300 个同牌号钢筋接头作为一批。 （3）当不足 300 个接头时，仍应作为一批。每批随机切取 3 个接头做拉伸试验

名　　称	质量合格标准
外观检查	四周焊包凸出钢筋表面的高度不得小于 4mm；接头处的弯折角不得大于 4°；钢筋与电极接触处，应无烧伤缺陷；接头处的轴线偏移不得大于钢筋直径的 1 倍，且不得大于 2mm
拉伸试验	（1）电渣压力焊接头拉伸试验结果，3 个试件的抗拉强度均不得小于该级别钢筋规定的抗拉强度。 （2）当试验结果有 1 个试件的抗拉强度低于规定值时，应再取 6 个试件进行复验。复验结果仍有 1 个试件的抗拉强度小于规定值，应确认该批接头不合格

（4）钢筋机械连接。钢筋机械连接施工操作如图 5-7 所示。

验收细节：受拉钢筋应力较小部位或纵向受压钢筋，接头百分率可不受限制；对直接承受动力荷载的结构构件，接头百分率不应大于 50%。

图 5-7　钢筋机械连接

　　甲方工作人员验收要点：甲方工作人员对钢筋机械连接施工操作进行质量验收时，应参照表 5-9 的内容进行验收。

表 5-9　　　　　　　　　　　钢筋机械连接质量验收

名　　称	质量合格标准
钢筋接头工艺检验	每种规格钢筋的接头试件不应少于 3 根；第一次工艺检验中 1 根试件抗拉强度或 3 根试件的残余变形平均值不合格时，允许再抽 3 根试件进行复检，复检仍不合格时判为工艺不合格
钢筋接头现场检验	（1）接头安装前应检查连接件产品合格证及套筒表面生产批号标识；产品合格证应包括适用钢筋直径和接头性能等级、套筒类型，生产单位、生产日期以及可追溯产品原材料力学性能和加工质量的生产批号。 （2）现场检验应按《钢筋机械连接技术规程》（JGJ 107—2010）进行接头的抗拉强度试验、加工和安装质量检验，对接头有特殊要求的结构，相应的检验项目应在设计图纸中另行注明。 （3）接头的现场检验应按验收批进行。同一施工条件下采用同一批材料的同等级、同型式、同规格接头，应以 500 个为一个验收批进行检验与验收，不足 500 个也应作为一个验收批。 （4）螺纹接头安装后应按相应的验收批，抽取其中 10% 的接头进行拧紧扭矩校核，拧紧扭矩值不合格数超过被校核接头数的 5% 时，应重新拧紧全部接头，直到合格为止。 （5）现场检验连续 10 个验收批抽样试件抗拉强度试验一次合格率为 100% 时，验收批接头数量可扩大 1 倍。 （6）现场截取抽样试件后，原接头位置的钢筋可采用同等规格的钢筋进行搭接连接，或采用焊接及机械连接方法补接

3. 钢筋安装质量验收

（1）纵向钢筋绑扎。纵向钢筋绑扎施工操作如图 5-8 所示。

验收细节： 当构件中的纵向受压钢筋采用搭接连接时，其受压搭接长度不应小于纵向受拉钢筋搭接长度的 70%，且不应小于 200mm。

图 5-8　纵向钢筋绑扎

甲方工作人员验收要点：甲方工作人员应对涉及结构安全的纵向受力钢筋的搭接长度进行严格的检查，若纵向受力钢筋的搭接长度不符合规范要求的，须令施工单位重新进行调整，直到搭接长度符合要求为止；甲方人员对纵向受力钢筋进行验收时，应按表 5-10 的要求进行验收。

表 5-10　　　　　　　　　　纵向受拉钢筋的最小搭接长度

钢筋类型		混凝土强度等级			
		C15	C20 ～ C25	C30 ～ C35	≥ C40
光圆钢筋	HPB300 级	45d	35d	30d	25d
带肋钢筋	HRB335 级	55d	45d	35d	30d
	HRB400 级、RRB400 级	—	55d	40d	35d

（2）梁端箍筋安装质量验收。梁端箍筋安装施工操作如图 5-9 所示。

验收细节： 梁端第一个箍筋应设置在距离柱节点边缘 50 mm 处。梁端与柱交接处箍筋应加密，其间距与加密区长度均要符合设计要求。

图 5-9　梁端箍筋安装

甲方工作人员验收要点：甲方工作人员应对涉及结构安全的梁端箍筋安装进行严格的检查，若梁端箍筋安装不符合要求，须令施工单位重新进行调整，直到梁端箍筋安装符合要求为止；甲方人员对梁端箍筋安装进行验收时，应按表 5-11 的要求进行验收。

表 5-11 箍筋调整值表

箍筋量度方法	箍筋直径 /mm			
	4 ~ 5	6	8	10 ~ 12
内皮尺寸	80	100	120	150 ~ 170
外皮尺寸	40	50	60	70

（3）钢筋网架安装。钢筋网架安装施工操作如图 5-10 所示。

验收细节：在绑扎骨架中非焊接的搭接接头长度范围内，当搭接钢筋为受拉时，其箍筋的间距不应大于 $5d$ 且不应大于 100mm。当搭接钢筋为受压时，其箍筋间距不应大于 $10d$，且不应大于 200mm。

图 5-10 钢筋网架安装

甲方工作人员验收要点：甲方工作人员对钢筋骨架安装的验收应格外重视，对钢筋骨架安装的偏差要进行严格把控，不允许有丝毫的偏差，验收时应按表 5-12 进行验收。

表 5-12 钢筋网架安装施工质量验收

名称	验收细节	允许偏差 /mm	验收方法
绑扎钢筋网	长、宽	±10	用钢尺进行检查
	网眼尺寸	±20	钢尺量连续的三档，取最大值
绑扎钢筋骨架	长	±10	用钢尺进行检查
	宽、高	±5	用钢尺进行检查

（4）植筋安装质量验收。植筋安装施工操作如图 5-11 所示。

图 5-11　植筋安装施工

> **验收细节：** 钻孔孔径应比植入钢筋大 4 ～ 6mm，一般钻孔深度混凝土强度 ≥ C30 时为 10d，混凝土强度 ＜ C30 时为 13d。

甲方工作人员验收要点：甲方工作人员对植筋安装施工中的植筋锚固和植筋注胶这两个步骤进行严格的把控，甲方工作人员验收时应按表 5-13 和表 5-14 进行验收。

表 5-13　　　　　　　　　　　　　　　植筋锚固操作验收

名　　称	钢筋直径 /mm	钻孔植筋 /mm	锚固长度 /mm	树脂状态
水平钢筋	14	25	350	固态
水平钢筋	15	25	350	固态
水平钢筋	18	30	450	固态
竖向钢筋	20	30	500	液态

表 5-14　　　　　　　　　　　　　　　胶黏剂凝固愈合时间

基础材料温度 /℃	凝固时间 /min	愈合时间 /min
-5	25	360
0	18	180
5	13	90
20	5	45
30	4	25
40	2	15

（5）冷轧扭钢筋安装。冷轧扭钢筋安装施工如图 5-12 所示。

图 5-12　冷轧扭安装施工

> **验收细节：** 纵向受拉冷轧扭钢筋不宜在受拉区截断；必须截断时，接头位置宜设在受力较小处，并相互错开。在规定的搭接长度区段内，有接头的受力钢筋截面面积不应大于总钢筋截面面积的 25%。设置在受压区的接头不受此限。

甲方工作人员验收要点：甲方工作人员对冷轧扭钢筋安装施工中的混凝土保护层厚度和冷轧扭钢筋原材这两个重点细节进行严格的把控，甲方工作人员验收时应按表 5-15 和表 5-16 进行验收。

表 5-15　　　　　　　　　　　冷轧扭钢筋混凝土保护层最小厚度

环境类别		构件类别	混凝土强度等级		
			C20	C25 ~ C45	≥ C50
一		板、墙	20	15	15
		梁	30	25	25
二	a	板、墙	—	20	20
		梁	—	30	30
	b	板、墙	—	25	20
		梁	—	35	30
三		板、墙	—	30	25
		梁	—	40	35

表 5-16　　　　　　　　　　　　冷轧扭钢筋原材验收

验收细节	验收数量
外观重量	逐根检验
截面控制尺寸	每批抽取三根
节距	每批抽取三根
定尺长度	每批抽取三根
重量	每批抽取三根
拉伸试验	每批抽取二根
弯曲试验	每批抽取一根

二、模板分项工程施工质量验收

1. 模板安装施工质量验收

（1）模板制作质量验收。模板制作施工操作如图 5-13 所示。

验收细节：首先按图纸截面几何尺寸考虑模板实际使用需要量，进行下料配制模板，木模板应将拼缝处刨平刨直，模板的木挡也要刨直。

图 5-13　模板制作

　　甲方工作人员验收要点如下：①按照混凝土构件的形状和尺寸，用 18mm 厚胶合板做底模、侧模，小木方 4cm×6cm 做木挡组成拼合式模板。木挡的间距取决于混凝土对模板的侧压大小，拼好的模板不宜过大、过重，以两人能抬动为宜。②配制好的模板必须要刷模板脱模剂，不同部位的模板按规格、型号、尺寸在反面写明使用部位、分类编号，分别堆放保管，以免安装时搞错。

　　（2）模板安装操作。模板安装操作施工如图 5-14 所示。

验收细节：当高度超过 4m 时，应群体或成列同时支模，并应将支撑连成一体，形成整体框架体系。当需单根支模时，柱宽大于 500mm 应每边在同一标高上设不得少于两根斜撑或水平撑。斜撑与地面的夹角宜为 45°～60°，下端还应有防滑移的措施。

图 5-14　模板安装操作

　　甲方工作人员验收要点：甲方工作人员对模板安装施工操作进行验收时，应参照表5-17～表 5-20 的内容进行验收。

表 5-17   模板安装工程分项工程验收

检验名称	检查数量	检验方法	质量合格标准
模板安装要求	全数检查	观察	（1）模板的接缝不应漏浆，在浇筑混凝土前，木模板应浇水湿润，但模板内不应有积水。 （2）模板与混凝土的接触面应清理干净并涂刷隔离剂，但不得采用影响结构性能或妨碍装饰工程施工的隔离剂。 （3）浇筑混凝土前，模板内的杂物应清理干净。 （4）对清水混凝土工程及装饰混凝土工程，应使用能达到设计效果的模板
用作模板的地坪、胎膜质量	全数检查	观察	用作模板的地坪、胎模等应平整光洁，不得产生影响构件质量的下沉、裂缝、起砂或起鼓
模板起拱高度	在同一检验批内，对梁，应抽查构件数量的10%，且不少于3件；对板，应按有代表性的自然间抽查10%，且不少于3间；对大空间结构，板可按纵、横轴线划分检查面，抽查10%，且不少于3面	水准仪或接线、钢尺检查	对跨度不小于4m的现浇钢筋混凝土梁、板，其模板应按设计要求起拱，当设计无具体要求时，起拱高度宜为跨度的1/1000～3/1000

表 5-18   预埋件和预留孔洞的允许偏差

名 称		允许偏差/mm	检查数量
预埋钢板中心位置线		3	在同一检验批内，对梁，应抽查构件数量的10%，且不少于3件；对板，应按有代表性的自然间抽查10%，且不少于3间；对大空间结构，板可按纵、横轴线划分检查面，抽查10%，且不少于3面
预埋管、预留孔中心位置		3	
插筋	中心线位置	5	
	外露长度	+10，0	
预埋螺栓	中心线位置	2	
	外露长度	+10，0	
预留洞	中心线位置	10	
	尺寸	+10，0	

注 检查中心线的位置时，应沿纵、横两个方向量测，并取其中较大值。

表 5-19   现浇结构模板安装的质量验收

名 称		允许偏差/mm	检查方法
轴线位置		5	钢尺检查
底模上表面标高		±5	水准仪或拉线、钢尺检查
截面内部尺寸	基础	±10	钢尺检查
	柱、墙、梁	+4，-5	钢尺检查
层高垂直度	不大于5m	6	经纬仪或吊线、钢尺检查
	大于5m	8	经纬仪或吊线、钢尺检查
相邻两板表面高低差		2	钢尺检查
表面平整度		3	2m靠尺和塞尺检查

注 检查中心线的位置时，应沿纵、横两个方向量测，并取其中较大值。

表 5-20 预制构件模板安装的允许偏差质量验收

名　称		允许偏差 /mm	检查方法
长度	板、梁	±5	钢尺量两角，取其中大值
	薄腹梁、桁架	±10	
	柱	0，−10	
	墙板	0，−5	
宽度	板、墙板	0，−5	钢尺量一端及中部，取其中较大值
	梁、薄腹梁、桁架、柱	+2，−5	
高（厚）度	板	+2，−3	钢尺量一端及中部，取其中较大值
	墙板	0，−5	
	梁、薄腹梁、桁架、柱	+2，−5	
侧向弯曲	梁、板、柱	$L/1000$ 且 ≤ 15	拉线、钢尺量最大弯曲处
	墙板、薄腹梁、桁架	$L/1000$ 且 ≤ 15	
板的表面平整度		3	2m 靠尺和塞尺检查
相邻两板表面高低差		1	钢尺检查
对角线差	板	7	钢尺量两个对角线
	墙板	5	
翘曲	板、墙板	$L/1500$	调平尺在两端量测
设计起拱	薄腹梁、桁架、梁	±3	接线、钢尺量跨中

注　L 为构件长度，单位 "mm"。

2. 模板拆除施工质量验收

模板拆除施工操作，如图 5-15 所示。

验收细节： 应先拆柱模板，再松动支撑立杆上的螺纹杆升降器，使支撑梁、板横楞的檩条平稳下降，然后拆除梁侧板、平台板，抽出梁底板，最后取下横楞、梁檩条、支柱连杆和立柱。

图 5-15 框架结构柱模板拆除

甲方工作人员验收要点：甲方工作人员对模板拆除进行验收时，应参照表 5-21 和表 5-22 的内容进行验收。

表 5-21 底模拆除时的混凝土强度验收

构件名称	构件跨度 /m	达到设计的混凝土立方体抗压强度标准值的 /%	检查数量	检验方法
板	≤ 2	≥ 50	全数检查	检查同条件养护时间强度的试验报告
	> 2，≤ 8	≥ 75		
	> 8	≥ 100		
梁、拱、壳	≤ 8	≥ 75		
	> 8	≥ 100		
悬臂构件	—	≥ 100		

表 5-22 后张法预应力构件及后浇带模板拆除质量验收

名　称	检验方法	质量合格标准
后张法预应力构件模板拆除	观察检验	对后张法预应力混凝土结构构件，侧模宜在预应力张拉前拆除。底模支架的拆除应按施工技术方案执行，当无具体要求时，不应在结构构件建立预应力前拆除
后浇带模板拆除	观察检验	后浇带模板的拆除和支顶应按施工技术方案执行

三、混凝土分项工程施工质量验收

1. 混凝土原材料质量验收

（1）混凝土中各组成材料验收。施工现场的混凝土如图 5-16 所示。

图 5-16　施工现场的混凝土

　　甲方工作人员验收要点：甲方工作人员对混凝土组成材料进行验收时，应参照表 5-23 和表 5-24 的内容进行验收。

表 5-23   混凝土组成材料质量验收

项　目	合格质量标准	检验方法	检查数量
水泥进场检验	水泥进场时应对其品种、级别、包装或散装仓号、出厂日期等进行检查，并应对其强度、安定性及其他必要的性能指标进行复验，其质量必须符合现行国家标准《硅酸盐水泥、普遍硅酸盐水泥》（GB 175—1999）等的规定。 当在使用中对水泥质量有怀疑或水泥出厂超过三个月（快硬硅酸盐水泥超过一个月）时，应进行复验，并按复验结果使用。 钢筋混凝土结构、预应力混凝土结构中，严禁使用含氯化物的水泥	检查产品合格证、出厂检验报告和进场复验报告	按同一生产厂家、同一等级、同一品种、同一批号且连续进场的水泥，袋装不超过200t为一批，散装不超过500t为一批，每批抽样不少于一次
外加剂质量及应用	混凝土中掺用外加剂的质量及应用技术应用符合现行国家标准《混凝土外加剂》（GB 8076—1997）、《混凝土外加剂应用技术规范》（GB 50119—2013）等有关环境保护的规定。 预应力混凝土结构中，严禁使用含氯化物的外加剂。钢筋混凝土结构中，当使用含氯化物的外加剂时，混凝土中氯化物的总含量应符合现行国家标准《混凝土质量控制》（GB 50164—2011）的规定	检查产品合格证、出厂检验报告和进场复验报告	按进场的批次和产品的抽样检验方案确定
混凝土中氯化物和碱的总含量控制	混凝土中氯化物和碱的总含量应符合现行国家标准《混凝土结构设计规范》（GB 50010-2010）和设计的要求	检查原材料试验报告和氯化物、碱的总含量计算书	按产品抽样检验方案确定
矿物掺合料的质量及掺量	混凝土中掺用矿物掺合料的质量应符合现行国家标准《用于水泥和混凝土中的粉煤灰》（GB 1596—2017）等的规定。矿物掺合料的用量应通过试验通过	检查出厂合格证和进场复验报告	按进场的批次和产品的抽样检验方案确定
粗、细骨料的质量	普通混凝土所用的粗、细骨料的质量应符合国家现行标准《普遍混凝土用碎石或卵石质量标准及检验方法》（JGJ 53—1992）、《普通混凝土用砂质量标准及检验方法》（JGJ 52—2006）规定。 注：（1）混凝土用的粗骨料，其最大颗粒粒径不得超过构件截面最小尺寸的1/4，且不得超过钢筋最小净间距的3/4；（2）对混凝土实心板，骨料的最大粒径不宜超过板厚的1/3，且不得超过40mm	检查进场复验报告	按进场的批次和产品的抽样检验方案确定
拌制混凝土用水	拌制混凝土宜采用饮用水；当采用其他水源时，水质应符合国家现行标准《混凝土拌和用水标准》（JGJ 63—2006）的规定	检查水质试验报告	同一水源检查不应少于一次

表 5-24   混凝土配合比质量验收

项　目	合格质量标准	检验方法	检查数量
配合比设计	混凝土应按国家现行标准《普遍混凝土配合比设计规程》（JGJ 55—2011）的有关规定，根据混凝土强度等级、耐久性和工作性等要求进行配合比设计 对有特殊要求的混凝土，其配合比设计应符合国家现行有关标准的专门规定	检查配合比设计资料	全数检查

续表

项 目	合格质量标准	检验方法	检查数量
配合比开盘鉴定	首次使用的混凝土配合比应进行开盘鉴定,其工作性应满足设计配合比的要求。开始生产时应至少留置一组标准养护试件,作为验证配合比的依据	检查开盘鉴定资料和试件强度试验报告	按配合比设计要求确定
配合比调整	混凝土拌制前,应测定砂、石含水率并根据测试结果调整材料用量,提出施工配合比	检查含水率测试结果和施工配合比通知单	每工作班检查一次

（2）混凝土试件质量验收。混凝土试件如图 5-17 所示。

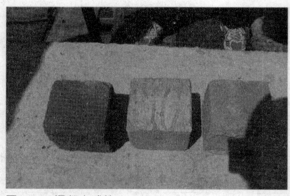

验收细节：混凝土试件常用尺寸：150mm×150mm×150mm。

图 5-17　混凝土试件

甲方工作人员验收要点：甲方工作人员对混凝土试件进行验收时，应参照表 5-25 的内容进行验收。

表 5-25　　　　　　　　　　　　　　　　混凝土试件质量验收

项 目	合格质量标准	检验办法	检查数量
混凝土强度等级、试件的取样和留置	结构混凝土的强度等级必须符合设计要求。用于检查结构构件混凝土强度的试件,应在混凝土的浇筑地点随机抽取。取样与试件留置应符合下列规定。 （1）每拌制 100 盘且不超过 100m³ 的同配合比的混凝土,取样不得少于一次。 （2）每工作班拌制的同一配合比的混凝土不足 100 盘时,取样不得少于一次。 （3）当一次连续浇筑超过 1000m³ 时,同一配合比的混凝土每 200m³ 取样不得少于一次。 （4）每一楼层、同一配合比的混凝土,取样不得少于一次。 （5）每次取样应至少留置一组标准养护试件,同条件养护试件的留置组数应根据实际需要确定	检查施工记录及试件强度试验报告	全数检查
混凝土抗渗试件取样和留置	对有抗渗要求的混凝土结构,其混凝土试件应在浇筑地点随机取样。同一工程、同一配合比的混凝土,取样不应少于一次,留置组数可根据实际需要确定	检查试件抗渗试验报告	

2. 混凝土浇筑质量验收

混凝土浇筑施工操作，如图 5-18 所示。

验收细节：混凝土的分层厚度，宜为 300～500mm。水平结构的混凝土浇筑厚度超过 500mm 时，按（1∶6）～（1∶10）坡度分层浇筑，且上层混凝土，应超前覆盖下层混凝土 500mm 以上。

图 5-18　混凝土浇筑施工

甲方工作人员验收要点：甲方工作人员对混凝土浇筑施工进行验收时，应参照表 5-26～表 5-28 的内容进行验收。

表 5-26　　　　　　　　　混凝土浇筑外观质量验收

项　目	合格质量标准	检验办法	检查数量
外观质量	现浇结构的外观质量不应有严重缺陷。对已经出现的严重缺陷，应由施工单位提出技术处理方案，并经监理（建设）单位认可后进行处理。对经处理的部位，应重新检查验收	观察，检查技术处理方案	全数检查
过大尺寸偏差处理及验收	现浇结构不应有影响结构性能和使用功能的尺寸偏差。混凝土设备基础不应有影响结构性能和设备安装的尺寸偏差。对超过尺寸允许偏差且影响结构性能和安装、使用功能的部位，应由施工单位提出技术处理方案，并经监理（建设）单位认可后进行处理。对经处理的部位，应重新检查验收	量测，检查技术处理方案	
外观质量一般缺陷	现浇结构的外观质量不宜有一般缺陷。对已经出现的一般缺陷，应由施工单位按技术处理方案进行处理，并重新检查验收	观察，检查技术处理方案	
现浇结构和混凝土设备基础尺寸的允许偏差及检验方法	现浇结构和混凝土设备基础拆模后的尺寸偏差应符合表 4-30、表 4-31 的规定	见 表 4-30 和表 4-31	

表 5-27　　　　　　　　　现浇结构混凝土尺寸检验

项　目		允许偏差 /mm	检验方法
轴线位置	基础	15	钢尺检查
	独立基础	10	
	墙、柱、梁	8	
	剪力墙	5	

项　　目			允许偏差/mm	检验方法
垂直度	层高	≤5m	8	经纬仪或吊线、钢尺检查
		>5m	10	经纬仪或吊线、钢尺检查
	全高 H		H/1000 且≤30	经纬仪、钢尺检查
标高	层高		±10	水准仪或拉线、钢尺检查
	全高		±30	
截面尺寸			+8，−5	钢尺检查
电梯井	井筒长、宽对定位中心线		+25，0	钢尺检查
	井筒全高 H 垂直度		H/1000 且≤30	经纬仪、钢尺检查
表面平整度			8	2m 靠尺和塞尺检查
预埋设施中心线位置	预埋件		10	钢尺检查
	预埋螺栓		5	
	预埋管		5	
预留洞中心线位置			15	钢尺检查

表 5-28　　　　　　　　　　　混凝土设备基础浇筑尺寸检验

项　　目		允许偏差/mm	检验方法
坐标位置		20	钢尺检查
不同平面的标高		0，−20	水准仪或拉线、钢尺检查
平面外形尺寸		±20	钢尺检查
凸台上平面外形尺寸		0，−20	钢尺检查
凹穴尺寸		±20，0	钢尺检查
平面水平度	每米	5	水平尺、塞尺检查
	全长	10	水准仪或拉线、钢尺检查
垂直度	每米	5	经纬仪或吊线、钢尺检查
	全高	10	
预埋地脚螺栓	标高（顶部）	+20，0	水准仪或拉线、钢尺检查
	中心距	±2	钢尺检查
预埋地脚螺栓孔	中心线位置	10	钢尺检查
	深度	+20，0	钢尺检查
	孔垂直度	10	吊线、钢尺检查
预埋活动地脚螺栓锚板	标高	+20，0	水准仪或拉线、钢尺检查
	中心线位置	5	钢尺检查
	带槽锚板平整度	5	钢尺、塞尺检查
	带螺纹孔锚板平整度	2	钢尺、塞尺检查

第二节　砌筑工程施工质量验收

一、砖砌体砌筑质量验收

砖砌体砌筑施工，如图 5-19 所示。

验收细节：砖砌的灰缝应横平竖直，厚薄均匀，水平灰缝厚度及竖向灰缝宽度宜为 10mm，但不应小于 8mm，也不应大于 12mm。

图 5-19　砖砌体砌筑施工

甲方工作人员验收要点：甲方工作人员对砖砌体砌筑施工质量验收时，应参照表 5-29 中的内容进行验收。

表 5-29　　　　　　　　　　　砖砌体砌筑质量验收

项　目			允许偏差 /mm	检验方法	抽检数量
轴线位移			10	用经纬仪和尺或用其他测量仪器检查	承重墙、柱全数检查
基础、墙、柱顶面标高			±15	用水准仪和尺检查	不应少于 5 处
墙面垂直度	每层		5	用 2m 托线板检查	不应少于 5 处
	全高	≤ 10m	10	用经纬仪、吊线和尺或用其他测量仪器检查	外墙全部阳角
		> 10m	20		
表面平整度	清水墙、柱		5	用 2m 靠尺和楔形塞尺检查	不应少于 5 处
	混水墙、柱		8		
水平灰缝平直度	清水墙		7	拉 5m 线和尺检查	不应少于 5 处
	混水墙		10		
门窗洞口高、宽（后塞口）			±10	用尺检查	不应少于 5 处
外墙上下窗口偏移			20	以底层窗口为准，用经纬仪或吊线检查	不应少于 5 处
清水墙游丁走缝			20	以每层第一皮砖为准，用吊线和尺检查	不应少于 5 处

二、砌筑砂浆质量验收

砌筑施工中所用的砌筑砂浆，如图 5-20 所示。

> **经验指导**：水泥砂浆宜用于砌筑潮湿环境以及强度要求较高的砌体；水泥石灰砂浆宜用于砌筑干燥环境中的砌体；多层房屋的墙一般采用强度等级为 M5 的水泥石灰砂浆；砖柱、砖拱、钢筋砖过梁等一般采用强度等级为 M5~M10 的水泥砂浆。

图 5-20　砌筑用砂浆

甲方工作人员验收要点：甲方工作人员对砌筑砂浆质量验收时，应参照表 5-30 和表 5-31 的内容进行验收。

表 5-30　　　　　　　　　　　　配合比砂浆参考值

砂浆强度 /MPa	水泥 /（kg/m³）	灰砂比
5.0	250	1：8.0
7.5	290	1：7.0
10	320	1：6.0
15	390	1：5.0

表 5-31　　　　　　　　　　　　砌筑砂浆的稠度

砌体种类	砂浆稠度 /mm
烧结普遍砖砌体 蒸压粉煤灰砖切体	70 ～ 90
混凝土实心砖、混凝土多孔砖砌体 普遍混凝土小型空心砌块砌体 蒸压灰砂砖砌体	50 ～ 70
烧结多孔砖、空心砖砌体 轻骨料小型空心砌块砌体 蒸压加气混凝土砌块砌体	60 ～ 80
石砌体	30 ～ 50

注　1. 采用薄灰砌筑法砌筑蒸压加气混凝土砌块砌体时，加气混凝土黏结砂浆的加水量按照其产品说明书控制。
　　2. 当砌筑其他块体时，其砌筑砂浆的稠度可根据块体吸水特性及气候条件确定。

三、填充墙砌筑质量验收

填充墙砌筑施工操作，如图 5-21 所示。

验收细节：对有可能影响安全的砌体裂缝，应由有资质的检测单位检测鉴定，须返修或加固处理的，待返修或加固满足使用要求后进行二次验收；对不影响结构安全性的砌体裂缝，应予以验收，对明显影响使用功能和观感质量的裂缝，应进行处理。

图 5-21 填充墙砌筑施工

甲方工作人员验收要点：甲方工作人员对填充墙砌筑进行验收时，应参照表 5-32 的内容进行验收。

表 5-32 填充墙砌筑施工验收

项 目		允许偏差 /mm	检验方法
轴线位移		10	用尺检查
垂直度（每层）	小于或等于 3m	5	用 2m 托线板或吊线、尺检查
	大于 3m	10	
表面平整度		8	用 2m 靠尺和楔形尺检查
门窗洞口高、宽（后塞口）		±10	用尺检查
外墙上、下窗口偏移		20	用经纬仪或吊线检查

四、填充墙砌体砂浆质量验收

填充墙砌体砂浆的拌制，如图 5-22 所示。

验收细节：砂浆拌合物的和易性应满足施工要求，且新拌砂浆体积密度：水泥砂浆不应小于 1900kg/m^3；混合砂浆不应小于 1800kg/m^3。砌筑沙浆的配合比一般查施工手册或根据经验而定。

图 5-22 填充墙砌体砂浆拌制

甲方工作人员验收要点：甲方工作人员对填充墙砌体砂浆质量验收时，应参照表 5-33 的内容进行验收。

表 5-33 填充墙砌体砂浆质量验收

砌体分类	灰缝	饱满度及要求	检验方法
空心砖砌体	水平	≥80%	采用百格网检查块体底面或侧面砂浆的黏结痕迹面积
	垂直	填满砂浆,不得有透明缝、瞎缝、假缝	
蒸压加气混凝土砌块和轻骨料混凝土小型空心砌块砌体	水平	≥80%	
	垂直	≥80%	

五、混凝土小型空心砌块砌筑施工质量验收

混凝土小型空心砌块砌筑,如图 5-23 所示。

验收细节: 小型空心砌块排列应从基础面开始,排列时尽可能采用主规格的砌块(390mm×190mm×190mm),砌体中主规格砌块应占总量的 75%～80%。

图 5-23 混凝土小型空心砌块砌筑施工

甲方工作人员验收要点:甲方工作人员对混凝土小型空心砌块砌筑施工质量验收时,应参照表 5-34 的内容进行验收。

表 5-34 混凝土小型空心砌块砌筑质量验收

名 称	检验方法	质量合格标准
砂浆强度等级检验	检查小砌块和芯柱混凝土、砌筑砂浆试块试验报告	小砌块和芯柱混凝土、砌筑砂浆的强度等级必须符合设计要求
灰缝砂浆饱满度检验	用专用百格网检测小砌块与砂浆黏结痕迹,每处检测 3 块小砌块,取其平均值	砌体水平灰缝和竖向灰缝的砂浆饱满度,按净面积计算不得低于 90%
墙体转角处检验	墙体转角处和纵横交接处应同时砌筑。临时间断处应砌成斜槎,斜槎水平投影长度不应小于斜槎高度。施工洞口可预留直槎,但在洞口砌筑和补砌时,应在直槎上下搭砌的小砌块孔洞内用强度等级不低于 C20(或 Cb20)的混凝土灌实	观察检查
芯柱混凝土检验	观察检查	小砌块砌体的芯柱在楼盖处应贯通,不得削弱芯柱截面尺寸;芯柱混凝土不得漏灌

第三节　起重机垂直运输设施安装质量验收

一、塔式起重机操作验收

塔式起重机（见图 5-24）简称塔机，亦称塔吊，是动臂装在高耸塔身上部的旋转起重机。作业空间大，主要用于房屋建筑施工中物料的垂直和水平输送及建筑构件的安装。

组成结构：由金属结构、工作机构和电气系统三部分组成。金属结构包括塔身、动臂和底座等。工作机构有起升、变幅、回转和行走四部分。电气系统包括电动机、控制器、配电柜、连接线路、信号及照明装置等。

图 5-24　塔式起重机

甲方工作人员验收细节如下。

（1）操纵控制器时，必须从零点开始，推到第一挡，然后逐级加挡，每挡停 1 ～ 2s，直至最高挡。当需要传动装置在运动中改变方向时，应先将控制器拉到零位，待传动停止后再逆向操作，严禁直接变换运转方向。对慢就位挡有操作时间限制的塔式起重机，必须按规定时间使用，不得无限制使用慢就位挡。

（2）起吊重物时（见图 5-25），不得提升悬挂不稳的重物，严禁在提升的物体上附加重物。

验收细节：起吊零散物料或异形构件时必须用钢丝绳捆绑牢固，应先将重物吊离地面约 50cm 停住，确定制动、物料绑扎和吊索具牢固，确认无误后方可指挥起升。

图 5-25　塔式起重机吊运重物

（3）两台搭式起重机同在一条轨道上或两条相平行的或相互垂直的轨道上进行作业时，应保持两机之间任何部位的安全距离，最小不得低于 5m。

甲方工作人员验收要点如下。

（1）机上各种安全保护装置运转中发生故障、失效或不准确时，必须立即停机修复，严禁带病作业和在运转中进行维修保养。

（2）司机必须在佩有指挥信号袖标的人员指挥下严格按照指挥信号、旗语、手势进行操作。操作前应发出音响信号，对指挥信号辨识不清时不得盲目操作。对指挥错误有权拒绝执行或主动采取防范或相应紧急措施。

（3）起重量、起升高度、变幅等安全装置显示或接近临界警报值时，司机必须严密注视，严禁强行操作。

（4）当吊钩滑轮组起升到接近起重臂时应用低速起升。

（5）严禁重物自由下落，当起重物下降接近就位点时，必须采取慢速就位。重物就位时，可用制动器使之缓慢下降。

（6）使用非直撞式高度限位器时，高度限位器调整为：吊钩滑轮组与对应的最低零件的距离不得小于1m，直撞式不得小于1.5m。

二、履带式起重机操作验收

履带式起重机（见图5-26），是一种高层建筑施工用的自行式起重机。是一种利用履带行走的动臂旋转起重机。履带接地面积大，通过性好，适应性强，可带载行走，适用于建筑工地的吊装作业。

验收细节：采用双机抬吊作业时，应选用起重性能相近的起重机进行。抬吊时应统一指挥，动作应配合协调，载荷应分配合理，起吊重量不得超过两台起重机在该工况下允许起重量总和的75%，单机的起吊载荷不得超过允许载荷的80%。在吊装过程中，两台起重机的吊钩滑轮组应保持垂直状态。

图5-26 履带式起重机

甲方工作人员验收细节如下。

（1）起重机应在平坦坚实的地面上作业、行走和停放。在作业时，工作坡度不得大于5°，并应与沟渠、基坑保持安全距离。

（2）作业时，起重臂的最大仰角不得超过出厂规定。当无资料可查时，不得超过78°。

（3）在起吊载荷达到额定起重量的90%及以上时，升降动作应慢速进行，严禁同时进行两种及两种以上动作，严禁下降起重臂。

（4）起吊重物时应先稍离地面试吊，当确认重物已挂牢，起重机的稳定性和制动器的可靠性均良好后，再继续起吊。在重物升起过程中，操作人员应把脚放在制动踏板上，密切注意起升重物，防止吊钩冒顶。当起重机停止运转而重物仍悬在空中时，即使制动踏板被固定，脚仍应踩在制动踏板上。

甲方工作人员验收要点如下。

（1）当起重机需带载行走时，起重量不得超过相应工况额定起重量的70%，行走道路应坚实平整，起重臂位于行驶方向正前方，载荷离地面高度不得大于200mm，并应拴好拉绳，缓慢行驶。不宜长距离带载行走。

（2）起重机行走时，转弯不应过急。当转弯半径过小时，应分次转弯。

（3）起重机上下坡道应无载行走，上坡时应将起重臂仰角适当放小，下坡时应将起重臂仰角适当放大。严禁下坡空挡滑行。严禁在坡道上带载回转。

（4）起重机工作时，在起升、回转、变幅三种动作中，只允许同时进行其中两种动作的复合操作。

三、卷扬机安装操作验收

卷扬机（见图5-27），用卷筒缠绕钢丝绳或链条提升或牵引重物的轻小型起重设备，又称绞车。

验收细节：卷扬机可以垂直提升、水平或倾斜拽引重物。卷扬机分为手动卷扬机和电动卷扬机两种。现在以电动卷扬机为主。

图 5-27　卷扬机

甲方工作人员验收细节如下。

（1）安装时，基面平稳牢固、周围排水畅通、地锚设置可靠，并应搭设工作棚（见图5-28）。

（2）作业中，操作人员不得离开卷扬机，物件或吊笼下面严禁人员停留或通过。休息时应将物件或吊笼降至地面。

（3）作业中发现异响、制动失灵、制动带或轴承等温度剧烈上升等异常情况时，应立即停机检查，排除故障后方可使用。

图 5-28　卷扬机工作棚

验收细节： 作业前，应检查卷扬机与地面的固定，弹性联轴器不得松旷，并应检查安全装置、防护设施、电气线路、接零或接地线、制动装置和钢丝绳等，全部合格后方可使用。

（4）作业中停电时，应将控制手柄或按钮置于零位，并切断电源，将提升物件或吊笼降至地面。

甲方工作人员验收要点如下。

（1）卷扬机设置位置必须满足：卷筒中心线与导向滑轮的轴线位置垂直，且导向滑轮的轴线应在卷筒中间位置；卷筒轴心线与导向滑轮轴心线的距离，对光卷筒不应小于卷筒长度的 20 倍，对有槽卷筒不应小于卷筒长度的 15 倍。

（2）卷扬机应装设能在紧急情况下迅速切断总控制电源的紧急断电开关，并安装在方便司机操作的地方。

（3）卷筒上的钢丝绳应排列整齐（见图 5-29），当重叠或斜绕时，应停机重新排列，严禁在转动中用手拉或脚踩钢丝绳。

图 5-29　钢丝绳排列整齐

验收细节： 钢丝绳卷绕在卷筒上的安全圈数应不少于 3 圈。钢丝绳末端固定应可靠，在保留两圈的状态下，应能承受 1.25 倍的钢丝绳额定拉力。

四、升降机安装操作验收

升降机（见图5-30）是由行走机构，液压机构，电动控制机构，支撑机构组成的一种升降设备。

图5-30　导轨链条升降机

按照升降机结构的不同分：剪叉式升降机（固定剪叉式升降机、移动式升降机）、套缸式升降机、铝合金（立柱）式升降机、曲臂式升降机（折臂式的更新换代）、导轨链条式升降机（电梯、货梯）、钢索式液压提升装置。

甲方工作人员验收细节如下。

（1）施工升降机额定载重量、额定乘员数标牌应置于吊笼醒目位置。严禁在超过额定载重量或额定乘员数的情况下使用施工升降机。

（2）当电源电压值与施工升降机额定电压值的偏差超过±5％。或供电总功率小于施工升降机的规定值时，不得使用施工升降机。

（3）应在施工升降机作业范围内设置明显的安全警示标志，应在集中作业区做好安全防护（见图5-31）。

图5-31　升降机集中防护

验收细节：当建筑物超过2层时，施工升降机地面通道上方应搭设防护棚。当建筑物高度超过24m时，应设置双层防护棚。

（4）当遇大雨、大雪、大雾、施工升降机顶部风速大于20m/s或导轨架、电缆表面结有冰层时，不得使用施工升降机。

（5）在施工升降机基础周边水平距离5m以内，不得开挖井沟，不得堆放易燃易爆物品及其他杂物。

（6）施工升降机运行通道内不得有障碍物。不得利用施工升降机的导轨架、横竖支撑、层站等牵拉或悬挂脚手架、施工管道、绳缆标语、旗帜等。

（7）施工升降机安装在建筑物内部井道中时，应在运行通道四周搭设封闭屏障。

（8）实行多班作业的施工升降机，应执行交接班制度，交班司机应填写交接班记录表。接班司机应进行班前检查，确认无误后，方能开机作业。

甲方工作人员验收要点如下。

（1）施工升降机每天第一次使用前，司机应将吊笼升离地面 1 ~ 2m，停车检验制动器的可靠性。如发现问题，应经修复合格后方能运行。

（2）操作手动开关的施工升降机时，不得利用机电联锁开动或停止施工升降机。

（3）施工升降机专用开关箱（见图 5-32）应设置在导轨架附近便于操作的位置，配电容量应满足施工升降机直接启动的要求。

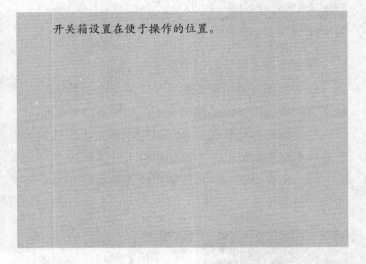

开关箱设置在便于操作的位置。

图 5-32　升降机开关设置

（4）散状物料运载时应装入容器、进行捆绑或使用织物袋包装，堆放时应使载荷分布均匀。

（5）当使用搬运机械向施工升降机吊笼内搬运物料时，搬运机械不得碰撞施工升降机。卸料时，物料放置速度应缓慢。

（6）吊笼上的各类安全装置应保持完好有效。经过大雨、大雪、台风等恶劣天气后应对各安全装置进行全面检查，确认安全有效后方能使用。

（7）当施工升降机在运行中由于断电或其他原因中途停止时，可进行手动下降。吊笼手动下降速度不得超过额定运行速度。

（8）作业结束后应将施工升降机返回最底层停放，将各控制开关拨到零位，切断电源，锁好开关箱，吊笼门和地面防护围栏门。

第六章　装饰装修施工质量验收

第一节　楼地面施工质量验收

一、水泥混凝土垫层铺设

（1）基层清理。基层处理施工操作如图 6-1 所示。

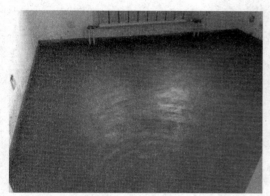

验收细节：浇筑混凝土垫层前，应清除基层的淤泥和杂物；基层表面平整度应控制在 15mm 内。

图 6-1　混凝土基层

（2）弹线、找标高。弹线、找标高施工操作如图 6-2 所示。

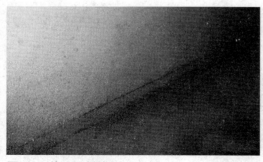

验收细节：甲方工作人员验收要点：根据墙上水平标高控制线，向下量出垫层标高，在墙上弹出控制标高线。垫层面积较大时，底层地面可视基层情况采用控制桩或细石混凝土（或水泥砂浆）做找平墩控制垫层标高，楼层地面采用细石混凝土或水泥砂浆做找平墩控制垫层标高。

图 6-2　施工现场弹线

（3）混凝土拌制与运输。

1）混凝土拌制。混凝土拌制施工操作如图 6-3 所示。

图 6-3　混凝土搅拌机作业

验收细节：混凝土搅拌时应先加石子，后加水泥，最后加砂和水，其搅拌时间不得少于 1.5min，当掺有外加剂时，搅拌时间应适当延长。

2）混凝土运输。混凝土运输如图 6-4 所示。

图 6-4　混凝土运输

验收细节：混凝土运到浇筑地点时，应具有要求的坍落度，坍落度一般控制在 10～30mm。

（4）混凝土垫层铺设。混凝土垫层铺设如图 6-5 所示。

图 6-5　混凝土垫层铺设

验收细节：室内地面的水泥混凝土垫层，应设置纵向缩缝和横向缩缝；纵向缩缝间距不得大于 6m，并应做成平头缝或加肋板平头缝，当垫层厚度大于 150mm 时，可做企口缝；横向缩缝间距不得大于 12m，横向缩缝应做假缝。

（5）混凝土垫层的振捣和找平。混凝土垫层振捣如图 6-6 所示。

验收细节： 混凝土厚度超过 200mm 时，应采用插入式振动器，其移动距离不应大于作用半径的 1.5 倍，做到不漏振，确保混凝土密实。

图 6-6　平板振动器振捣

甲方工作人员验收要点：甲方工作人员对水泥混凝土垫层铺设施工进行验收时，应参照表 6-1 和表 6-2 的内容进行验收。

表 6-1　　　　　　　　　　　　混凝土取样常用数据

序　号	内　容
1	拌制 100 盘且不超过 100m³ 的同配合比混凝土，取样不得少于一次
2	工作班拌制的同一配合比的混凝土不足 100 盘时，取样不得少于一次
3	每一层楼、同一配合比的混凝土，取样不得少于一次；当每一层建筑地面工程大于 1000m² 时，每增加 1000m² 应增做一组试块

表 6-2　　　　　　　　　　水泥混凝土垫层材料用量（每 10m³）

材料用量	单　位	混凝土强度等级	
		C10	C15
水泥强度等级 32.5	kg	2131	2677
净砂	m³	4.75	4.44
砾石	m³	9.09	8.99

二、陶粒混凝土垫层铺设

（1）基层处理。在浇筑陶粒混凝土垫层之前将混凝土楼板基层进行处理，把黏结在某层上的松动混凝土、砂浆等用錾子剔掉，用钢丝刷刷掉水泥浆皮，然后用扫帚扫净。

（2）弹线、找标高。弹线操作如图 6-7 所示。

验收细节： 找标高弹水平控制线：根据墙上的 +50cm 水平标高线，往下测量出垫层标高，有条件时可弹在四周墙上。

图 6-7 弹水平控制线

如果房间较大，可隔 2m 左右抹细石混凝土找平墩。有坡度要求的地面，按设计要求的坡度找出最高点和最低点后，拉小线再抹出坡度墩，以便控制垫层的表面标高。

（3）陶粒混凝土拌制。陶粒混凝土拌制操作如图 6-8 所示。

验收细节： 陶粒混凝土拌制时先将骨料、水泥、水和外加剂均按重量计量。骨料的计量允许偏差应小于 ±3%，水泥、水和外加剂计量允许偏差应小于 ±2%。由于陶粒预先进行水闷处理，因此搅拌前根据抽测陶粒的含水率，调整配合比和用水量。

图 6-8 陶粒式混凝土搅拌

（4）陶粒混凝土垫层铺设、振捣或滚压。

1）在已清理干净的基层上洒水湿润。

2）涂刷水灰比宜为 0.4 ～ 0.5 的水泥浆结合层。

3）铺已搅拌好的陶粒混凝土（见图 6-9），用铁锹将混凝土铺在基层上，以已做好的找平墩为标准将灰铺平，比找平墩高出 3mm，然后用平板振动器振实找平。如厚度较薄时，可随铺随用铁锹和特制木拍板拍压密实，并随即用大杠找平，用木抹子搓平或用铁滚滚压密实，全部操作过程要在 2h 内完成。

验收细节：浇筑陶粒混凝土垫层时尽量不留或少留施工缝，如必须留施工缝，应用木方或木板挡好断槎处，施工缝最好留在门口与走道之间，或留在有实墙的轴线中间，接槎时应在施工缝处涂刷结合层水泥浆。（水灰化 0.4～0.5），再继续浇筑。浇筑后应进行洒水养护。强度达 1.2MPa 后方可进行下道工序操作。

图 6-9　铺设陶粒混凝土

甲方工作人员验收要点：甲方工作人员对陶粒混凝土垫层铺设进行验收时，应参照表 6-3 的内容进行验收。

表 6-3　　　　　　　　　　陶粒混凝土配料参数

名　　称	内　　容
页岩陶粒	页岩陶粒：粒径 5～30mm，松散密度为 500～700kg/m³，吸水率 3.5%～5%（干燥状态下以 30mm 计），未熟化的片状物应小于 10%～15%，粉末及粒径小于 5mm 的颗粒含量应小于 5%
黏土陶粒	黏土陶粒：粒径 5～30mm，松散密度为 580～680kg/m³，吸水率 8.3%～10%（干燥状态下 1h 计），粉末及粒径小于 5mm 的颗粒含量应小于 5%
粉煤灰陶粒	粉煤灰陶粒：粒径 5～15mm，密度为 630～700kg/m³，吸水率 16%～17%（干燥状态下 1h 计），粒径小于 5mm 或大于 15mm 的颗粒含量均不应大于 5%，并不得混夹杂物或黏土块
砂	砂：中砂或粗砂，含泥量当混凝土强度等级为 C10～C30 时不大于 5%
水泥	水泥：一般采用 32.5 级、42.5 级矿渣硅酸盐水泥或普通硅酸盐水泥

三、找平层铺设

（1）基层清理。基础清理操作如图 6-10 所示。

验收细节：基层表面平整度应控制在 10mm 以内。

图 6-10　找平层基层清理

（2）弹线、找标高。根据墙上水平标高控制线，向下量出找平层标高，在墙上弹出控制标高线。找平层面积较大时，采用细石混凝土或水泥砂浆找平墩控制垫层标高，找平墩为 60mm×60mm，高度同找平层厚度，双向布置，间距不大于 2m。用水泥砂浆做找平层时，还应冲筋。

（3）找平层铺设。找平层铺设施工如图 6-11 所示。

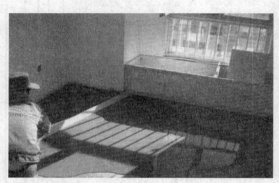

验收细节： 铺设时先刷一遍水泥浆，其水灰比宜为 0.4～0.5，并应随刷随铺。

图 6-11　找平层铺设

（4）振捣和找平。振捣施工操作如图 6-12 所示。

验收细节： 厚度超过 200mm 时，应采用插入式振动器，其移动距离不应大于作用半径的 1.5 倍，做到不漏振，确保混凝土密实。

图 6-12　找平层使用平板振动器振捣

甲方工作人员验收要点：在水泥砂浆或水泥混凝土找平层上铺设（铺涂）防水类卷材或防水类涂料隔离层时，找平层表面应洁净、干燥，其含水率不应大于 9%，并应涂刷基层处理剂，以增强防水材料与找平层之间的黏结力。基层处理剂按选用的隔离层材料采用与防水卷材性能配套的材料，或采用同类防水涂料的底子油进行配制和施工。铺设找平层后，喷涂或涂刷基层处理剂的间隔时间以及其配合比均应通过试验确定。一般底子油喷、涂一昼夜待表面干燥后，方可铺设隔离层或面层。找平层施工中材料用量的常用数据见表 6-4。

表 6-4　　　　　　　　　　水泥砂浆找平层材料用量（每 100m²）

材料	单位	水泥砂浆（1∶3）		
		在填充材料上	在硬基层上	厚度加减 5mm
		20mm 厚		
净砂	m³	2.58	2.06	0.52
32.5 级水泥	kg	1022	816	204

四、水泥砂浆面层铺设

（1）基层处理。水泥砂浆面层一般铺抹在楼面、地面的混凝土、水泥炉渣、碎砖三合土等垫层上，垫层处理是防止水泥砂浆面层空鼓、裂纹、起砂等质量问题的关键工序。因此，要求垫层应具有粗糙、洁净和潮湿的表面。

（2）弹线、做标筋。

1）弹水平基准线施工操作如图 6-13 所示。

验收细节：水平基准线是以地面 ±0.000 及楼层砌墙前的抄平点为依据，一般可根据情况弹在标高 50cm 的墙上。

图 6-13　弹水平基准线

2）流水找坡施工操作如图 6-14 所示。

验收细节：有地漏的房间，要在地漏四周找出不小于 5% 的泛水。抄平时要注意各室内地面与走廊高度的关系。

图 6-14　卫生间流水找坡

（3）水泥砂浆面层铺设施工。水泥砂浆面层铺设施工操作如图 6-15 所示。

验收细节：施工时，先刷水灰比 0.4 ～ 0.5 的水泥浆，随刷随铺随拍实，并应在水泥初凝前用木抹子抹平压实。

图 6-15　水泥砂浆面层施工

甲方工作人员验收要点：水泥砂浆应采用机械搅拌，拌合要均匀，颜色应一致，搅拌时间不小于 2min。水泥砂浆的稠度（以标准圆锥体沉入度计）：当在炉渣垫层上铺设时，宜为 25 ～ 35mm；当在水泥混凝土垫层上铺设时，应采用干硬性水泥砂浆，以手捏成团稍出浆为准。

第二节　抹灰施工质量验收

一、一般抹灰施工质量验收

（1）墙柱面抹灰。墙柱面抹灰施工操作如图 6-16 所示。

验收细节：抹灰前应先对墙体表面进行清理，对所用灰浆进行检测后再进行涂刷施工。

图 6-16　墙柱面抹灰施工

（2）顶棚抹灰。顶棚抹灰施工操作如图 6-17 所示。

验收细节：在顶板混凝土湿润的情况下，先刷素水泥浆一道，随刷随打底，打底采用1:1:6水泥混合砂浆。对顶板凹度较大的部位，先大致找平并压实，待其干后，再抹大面底层灰，其厚度每边不宜超过8mm。操作时需用力抹压，然后用压尺刮抹顺平，再用木磨板磨平，要求平整稍毛，不必光滑，但不得过于粗糙，不许有凹陷和深痕。

图 6-17 顶棚抹灰施工

（3）楼梯抹灰施工。楼梯抹灰施工操作如图6-18所示。

验收细节：罩面灰宜采用1:2～2.5水泥砂浆（体积比），厚8mm。应根据砂浆干湿情况先抹出几步，再返上去压光，并用阴、阳角抹子将阴、阳角拧光，24h后开始浇水养护，一般养护1周左右，在未达到强度前严禁上人。

图 6-18 楼梯抹罩面灰

甲方工作人员验收要点：甲方工作人员对一般抹灰施工进行验收时，应参照表6-5和表6-6的内容进行验收。

表 6-5　　　　　　　　　　　　　一般抹灰施工验收

名　　称	检验方法	质量合格标准
基层表面	检查施工记录	抹灰前基层表面的尘土、污垢、油渍等应清除干净，并应洒水润湿
抹灰材料	检查产品合格证书、进场验收记录、复验报告和施工记录	一般抹灰所用材料的品种和性能应符合设计要求。水泥的凝结时间和安定性复验应合格。砂浆的配合比应符合设计要求
抹灰厚度	检查隐蔽工程验收记录和施工记录	抹灰工程应分层进行。当抹灰总厚度大于或等于35mm时，应采取加强措施。不同材料基体交接处表面的抹灰，应采取防止开裂的加强措施，当采用加强网时，加强网与各基体的搭接宽度不应小于100mm
抹灰层与基层黏结	观察、用小锤轻击检查和检查施工记录	抹灰层与基层之间及各抹灰层之间必须黏结牢固，抹灰层应无脱层、空鼓，面层应无爆灰和裂缝

续表

名　称	检验方法	质量合格标准
抹灰表面	观察、手摸检查	普通抹灰表面应光滑、洁净、接槎平整，分格缝应清晰；高级抹灰表面应光滑、洁净、颜色均匀、无抹纹，分格缝和灰线应清晰美观
护角、孔洞抹灰	观察	护角、孔洞、槽、盒周围的抹灰表面应整齐、光滑，管道后面的抹灰表面应平整
抹灰分隔缝	观察、尺量检查	抹灰分格缝的设置应符合设计要求，宽度和深度应均匀，表面应光滑，棱角应整齐
滴水线抹灰	观察、尺量检查	有排水要求的部位应做滴水线（槽），滴水线（槽）应整齐顺直，滴水线应内高外低，滴水槽宽度和深度均不应小于 10mm

表 6-6　　　　　　　一般抹灰工程质量的允许偏差和检验方法

项　目	允许偏差		检验方法
	普遍抹灰	高级抹灰	
立面垂直度	4	3	用 2m 垂直检测尺检查
表面平整度	4	3	用 2m 靠尺和塞尺检查
阴阳角方正	4	3	用直角检测尺检查
分格条（缝）直线度	4	3	拉 5m 线，不足 5m 拉通线，用钢直尺检查
墙裙、勒脚上口直线度	4	3	拉 5m 线，不足 5m 拉通线，用钢直尺检查

二、装饰抹灰施工质量验收

装饰抹灰施工操作，如图 6-19 所示。

图 6-19　墙面装饰抹灰

甲方工作人员验收要点：甲方工作人员对装饰抹灰施工进行验收时，应参照表 6-7 和表 6-8 的内容进行验收。

表 6-7　　　　　　　　　　　装饰抹灰施工验收

名　称	检验方法	质量合格标准
基层表面	检查施工记录	抹灰前基层表面的尘土、污垢、油渍等应清除干净，并应洒水润湿
抹灰材料	检查产品合格证书、进场验收记录、复验报告和施工记录	装饰抹灰工程所用材料的品种和性能应符合设计要求。水泥的凝结时间和安定性复验应合格。砂浆的配合比应符合设计要求
抹灰厚度	检查隐蔽工程验收记录和施工记录	抹灰工程应分层进行。当抹灰总厚度大于或等于 35mm 时，应采取加强措施。不同材料基体交接处表面的抹灰，应采取防止开裂的加强措施，当采用加强网时，加强网与各基体的搭接宽度不应小于 100mm
抹灰层与基体	观察、用小锤轻击检查和检查施工记录	各抹灰层之间及抹灰层与基体之间必须黏结牢固，抹灰层应无脱层、空鼓和裂缝
抹灰表面	观察、手摸检查	装饰抹灰工程的表面质量应符合下列规定： （1）水刷石表面应石粒清晰、分布均匀、紧密平整、色泽一致，应无掉粒和接槎痕迹。 （2）斩假石表面剁纹应均匀顺直、深浅一致，应无漏剁处，阳角处应横剁并留出宽窄一致的不剁边条，棱角应无损坏。 （3）干黏石表面应色泽一致、不露浆、不漏黏，石粒应黏结牢固、分布均匀，阳角处应无明显黑边。 （4）假面砖表面应平整、沟纹清晰、留缝整齐、色泽一致，应无掉角、脱皮、起砂等缺陷
抹灰分格条	观察	装饰抹灰分格条（缝）的设置应符合设计要求，宽度和深度应均匀，表面应平整光滑，棱角应整齐
抹灰滴水线	观察、尺量检查	有排水要求的部位应做滴水线（槽）。滴水线（槽）应整齐顺直，滴水线内高外低，滴水槽的宽度和深度均不应小于 10mm

表 6-8　　　　　　　　装饰抹灰质量验收的允许偏差和检验方法

项　目	允许偏差 /mm				检验方法
	水刷石	斩假石	干黏石	假面砖	
立面垂直度	5	4	5	5	用 2m 靠尺和塞尺检查
表面平整度	3	3	5	4	用 2m 靠尺和塞尺检查
阳角方正	3	3	4	4	用直角检测尺检查
分格条（缝）直线度	3	3	3	3	拉 5m 线，不足 5m 拉通线，用钢直尺检查
墙裙、勒脚上口直线度	3	3	—	—	拉 5m 线，不足 5m 拉通线，用钢直尺检查

第三节　门窗安装施工质量验收

一、木门窗制作与安装质量验收

木门窗安装施工操作，如图 6-20 所示。

验收细节：木门框安装应在地面工程施工前完成，门框安装应保证牢固，门框应用钉子与木砖钉牢，一般每边不少于两处固定，间距不大于 1.2m。若隔墙为加气混凝土条板，应按要求间距预留 45mm 的孔，孔深 7～10cm，并在孔内预埋木橛粘 108 胶水泥浆加入孔中（木橛直径应大于孔径 1mm 以使其打入牢固）。待其凝固后再安装门框。

图 6-20　木门安装

甲方工作人员验收要点：甲方工作人员对木门窗制作与安装施工质量验收时，应参照表 6-9～表 6-11 的内容进行验收。

表 6-9　　　　　　　　　　　　　木门窗制作与安装验收主要内容

名　　称	检验方法	质量合格标准
木门窗材料	观察、检查材料进场验收记录和复验报告	木门窗的木材品种、材质等级、规格、尺寸、框扇的线形及人造木板的甲醛含量应符合设计要求。设计未规定材质等级时，所用木材的质量应符合《建筑装饰装修工程质量验收规范》（GB 50210—2001）附录 A 的规定
木门窗防火、防腐	观察、检查材料进场验收记录	木门窗的防火、防腐、防虫处理应符合设计要求
门窗结合处及配件	观察	门窗的结合处和安装配件处不得有木节或已填补的木节。木门窗如有允许限值以内的死节及直径较大的虫眼，应用同一材质的木塞加胶填补。对于清漆制品，木塞的木纹和色泽应与制品一致
门窗框连接	观察、手扳检查	门窗框和厚度大于 50mm 的门窗扇应用双榫连接。榫槽应采用胶料严密嵌合，并应用胶楔夹紧
门的质量	观察	胶合板门、纤维板门和模压门不得脱胶。胶合板不得刨透表层单板，不得有戗槎。制作胶合板门、纤维板门时，边框和横棱应在同一平面上，面层、边框及横棱应加压胶结。横棱和上、下冒头应各钻两个以上的透气孔，透气孔应通畅
木门窗框安装	观察、手扳检查、检查隐蔽工程验收记录和施工记录	木门窗框的安装必须牢固。预埋木砖的防腐处理、木门窗框固定点的数量、位置及固定方法应符合设计要求

续表

名　称	检验方法	质量合格标准
木门窗扇安装	观察、开启和关闭检查、手扳检查	木门窗扇必须安装牢固，并应开关灵活，关闭严密，无倒翘
木门窗配件	观察、开启和关闭检查、手扳检查	木门窗配件的型号、规格、数量应符合设计要求，安装应牢固，位置应正确，功能应满足使用要求
木门窗表面	观察	木门窗表面应洁净，不得有刨痕、锤印

表 6-10　　　　　　　　　木门窗制作的允许偏差及检验方法

项　目	构件名称	允许偏差 /mm		检验方法
		普通	高级	
翘曲	框	3	2	将框、扇平放在检查平台上，用塞尺检查
	扇	2	2	
对角线长度差	框、扇	3	2	用钢尺检查，框量裁口里角，扇量外角
表面平整度	扇	2	2	用 1m 靠尺和塞尺检查
高度、宽度	框	0，−2	0，−1	用钢尺检查，框量裁口里角，扇量外角
	扇	+2，0	+1，0	
裁口、线条结合处高低差	框、扇	1	0.5	用钢直尺和塞尺检查
相邻棂子两端间距	扇	2	1	用钢直尺检查

表 6-11　　　　　　　　　木门窗安装点的允许偏差及检验方法

项　目		留缝限值 /mm		允许偏差 /mm		检验方法
		普通	高级	普通	高级	
门窗槽口对角线长度差		—	—	3	2	用钢尺检查
门窗框的下、侧面垂直度		—	—	2	1	用 1m 垂直检测尺检查
框与扇、扇与扇接缝高低差		—	—	2	1	用钢直尺和塞尺检查
门窗扇对口缝		1～2.5	1.5～2	—	—	用塞尺检查
工业厂房双扇大门对口缝		2～5	—	—	—	
门窗扇与上框间留缝		1～2	1～1.5	—	—	
门窗扇与侧框间留缝		1～2.5	1～1.5	—	—	
窗扇与下框间留缝		2～3	2～2.5	—	—	
门扇与下框间留缝		3～5	3～4	—	—	
双层门窗内外框间距		—	—	4	3	用钢尺检查
无下框时门扇与地面间留缝	外门	4～7	5～6	—	—	用塞尺检查
	内门	5～8	6～7	—	—	
	卫生间门	8～12	8～10	—	—	
	厂房大门	10～20	—	—	—	

二、金属门窗安装施工质量验收

金属门窗安装施工操作，如图 6-21 所示。

验收细节：门窗框与墙体之间需留有 15～20mm 的间隙，并用弹性材料填嵌饱满，表面用密封胶密封。不得将门窗框直接埋入墙体或用水泥砂浆填缝。

图 6-21　金属门窗安装

甲方工作人员验收要点：甲方工作人员对金属门窗安装进行验收时，应参照表 6-12～表 6-14 的内容进行验收。

表 6-12　　　　　　　　　　　　钢门窗安装质量验收

项　　目		留缝限值 /mm	允许偏差 /mm	检验方法
门窗槽口宽度、高度	≤1500mm	—	2.5	用钢尺检查
	>1500mm	—	3.5	
门窗槽口对角线长度差	≤2000mm	—	5	用钢尺检查
	>2000mm	—	6	
门窗框的正、侧面垂直度		—	3	用 1m 垂直检测尺检查
门窗槽框的水平度		—	3	用 1m 水平尺和塞尺检查
门窗横框标高		—	5	用钢尺检查
门窗竖向偏离中心		—	4	用钢尺检查
双层门窗内外框间距		—	5	用钢尺检查
门窗框、扇配合间隙		≤2	—	用塞尺检查
无下框时门扇与地面间留缝		4～8	—	用塞尺检查

表 6-13　　　　　　　　　　　　铝合金门窗安装质量验收

项　　目		允许偏差 /mm	检验方法
门窗槽口宽度、高度	≤1500mm	1.5	用钢尺检查
	>1500mm	2	
门窗槽口对角线长度差	≤2000mm	3	用钢尺检查
	>2000mm	4	

续表

项 目	允许偏差 /mm	检验方法
门窗框的正、侧面垂直度	2.5	用垂直检测尺检查
门窗槽框的水平度	2	用1m水平尺和塞尺检查
门窗横框标高	5	用钢尺检查
门窗竖向偏离中心	5	用钢尺检查
双层门窗内外框间距	4	用钢尺检查
推拉门窗扇与框搭接量	1.5	用钢直尺检查

表6-14   涂色镀锌钢门窗安装质量验收

项 目		允许偏差 /mm	检验方法
门窗槽口宽度、高度	≤1500mm	2	用钢尺检查
	>1500mm	3	
门窗槽口对角线长度差	≤2000mm	4	用钢尺检查
	>2000mm	5	
门窗框的正、侧面垂直度		3	用垂直检测尺检查
门窗槽框的水平度		3	用1m水平尺和塞尺检查
门窗横框标高		5	用钢尺检查
门窗竖向偏离中心		5	用钢尺检查
双层门窗内外框间距		4	用钢尺检查
推拉门窗扇与框搭接量		2	用钢直尺检查

三、门窗玻璃安装施工质量验收

门窗玻璃安装施工操作，如图6-22所示。

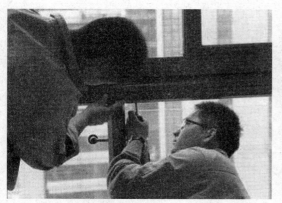

验收细节：玻璃分隔墙的边缘不得与硬质材料直接接触，玻璃边缘与槽底空隙应不小于5mm。玻璃可以嵌入墙体，并保证地面和顶部的槽口深度：当玻璃厚度为5～6mm时，槽口深度为8mm；当玻璃厚度为8～12mm时，槽口深度为10mm。玻璃与槽口的前后空隙：当玻璃厚度为5～6mm时，空隙为2.5mm；当玻璃厚8～12mm时，空隙为3mm。这些缝隙用弹性密封胶或橡胶条填嵌。

图6-22 门窗玻璃安装施工

甲方工作人员验收要点：甲方工作人员对门窗玻璃安装施工进行验收时，应参照表 6-15 的内容进行验收。

表 6-15　　　　　　　　　门窗玻璃安装质量验收主要内容

名　称	检验方法	质量合格标准
玻璃材料	观察，检查产品合格证书、性能检测报告和进场验收记录	玻璃的品种、规格、尺寸、色彩、图案和涂膜朝向应符合设计要求。单块玻璃大于 1.5m² 时应使用安全玻璃
玻璃裁割	观察、轻敲检查	门窗玻璃裁割尺寸应正确。安装后的玻璃应牢固，不得有裂纹、损伤和松动
玻璃安装	观察、检查施工记录	玻璃的安装方法应符合设计要求。固定玻璃的钉子或钢丝卡的数量、规格应保证玻璃安装牢固
镶钉木压条	观察	镶钉木压条接触玻璃处，应与裁口边缘平齐。木压条应互相紧密连接，并与裁口边缘紧贴，割角应整齐
密封条安装	观察	密封条与玻璃、玻璃槽口的接触应紧密、平整。密封胶与玻璃、玻璃槽口的边缘应黏结牢固、接缝应平齐
玻璃表面	观察	玻璃表面应洁净，不得有腻子、密封胶、涂料等污渍。中空玻璃内外表面均应洁净，玻璃中空层内不得有灰尘和水蒸气
填充腻子	观察	腻子应填抹饱满、黏结牢固，腻子边缘与裁口应平齐。固定玻璃的卡子不应在腻子表面显露

第四节　吊顶与隔墙施工质量验收

一、木龙骨吊顶安装施工验收

（1）木龙骨安装施工操作如图 6-23 所示。

图 6-23　木龙骨安装施工

验收细节：吊顶起拱按设计要求，设计无要求时一般为房间跨度的 1/300～1/200；木龙骨安装要求保证没有劈裂、腐蚀、虫眼、死节等质量缺陷；规格为截面长 30～40mm，宽 40～50mm，含水率低于 10%。

（2）罩面板安装施工操作如图 6-24 所示。

验收细节：罩面板的接缝应按设计要求进行板缝处理。石膏板与墙体四周或柱应留有 3mm 槽口，采用弹性腻子抹嵌，以防石膏板伸缩位移。

图 6-24　罩面板安装

甲方工作人员验收要点：甲方工作人员对木龙骨吊顶安装施工进行验收时，应参照表 6-16 的内容进行验收。

表 6-16　　　　　　　　　　　　　　　木龙骨吊顶质量验收

名　称	验收内容
安装大龙骨	将预埋钢筋弯成环形圆钩，穿 8 号镀锌钢丝或用 $\phi 6 \sim \phi 8$ 螺栓将大龙骨固定，并保证其设计标高。吊顶起拱按设计要求，设计无要求时一般为房间跨度的 1/300 ～ 1/200
安装小龙骨	（1）小龙骨底面刨光、刮平、截面厚度应一致。 （2）小龙骨间距应按设计要求，设计无要求时，应以罩面板规格决定，一般为 400 ～ 500mm。 （3）按分档线先定位安装通长的两根边龙骨，拉线后各根龙骨按起拱标高，通过短吊杆将小龙骨用圆钉固定在大龙骨上，吊钉要逐根错开，吊钉不得在龙骨的同一侧面上。通长小龙骨对接接头应错开，采用双面夹板用圆钉错位钉牢，接头两侧各钉两个钉子。 （4）安装卡档小龙骨：按通长小龙骨标高，在两根通长小龙骨之间，根据罩面板材的分块尺寸和接缝要求，在通长小龙骨底面横向弹分档线，以底找平钉固卡档小龙骨
防腐处理	顶棚内所有露明的铁件，钉罩面板前必须刷防腐漆，木骨架与结构接触面应进行防腐处理
安装管线设施	在弹好顶棚标高线后，应进行顶棚内水、电设备管线安装，较重吊物不得吊于顶棚龙骨上

二、轻钢龙骨吊顶安装施工验收

（1）龙骨吊杆安装施工操作如图 6-25 所示。

验收细节：安装龙骨吊杆：弹好顶棚标高水平线及龙骨分档位置线后，确定吊杆下端头的标高，按主龙骨位置及吊挂间距，将吊杆无螺栓丝扣的一端与楼板预埋钢筋连接固定。

图 6-25　龙骨吊杆安装

（2）铝塑板安装施工操作如图 6-26 所示。

验收细节：当吊顶房间的墙柱为砖砌体时，应在吊顶的标高位置沿墙和柱的四周，砌筑时预埋防腐木砖，沿墙间距为 900 ～ 1200mm，预埋每边应埋设木砖两块以上。

图 6-26　铝塑板安装

甲方工作人员验收要点：甲方工作人员验收时，应参照表 6-17 ～ 表 6-20 的内容进行验收。

表 6-17　　　　　　　　　　　暗龙骨吊顶安装验收主要内容

名　称	检验方法	质量合格标准
吊顶标高、尺寸	观察、尺量检查	吊顶标高、尺寸、起拱和造型应符合设计要求
饰面材料	观察，检查产品合格证书、性能检测报告、进场验收记录和复验报告	饰面材料的材质、品种、规格、图案和颜色应符合设计要求
吊杆、龙骨安装	观察、手扳检查、检查隐蔽工程验收记录和施工记录	暗龙骨吊顶工程的吊杆、龙骨和饰面材料的安装必须牢固
吊杆、龙骨材质、规格	观察，尺量检查，检查产品合格证书、性能检测报告、进场验收记录和隐蔽工程验收记录	吊杆、龙骨的材质、规格、安装间距及连接方式应符合设计要求。金属吊杆、龙骨应经过表面防腐处理，木吊杆、龙骨应进行防腐、防火处理
石膏板接缝	观察	石膏板的接缝应按其施工工艺标准进行板缝防裂处理。安装双层石膏板时，面层板与基层板的接缝应错开，且不得在同一根龙骨上接缝
饰面材料表面	观察、尺量检查	饰面材料表面应洁净、色泽一致，不得有翘曲、裂缝及缺损。压条应平直、宽窄一致
饰面板上设备	观察	饰面板上的灯具、烟感器、喷淋头和风口箅子等设备的位置应合理、美观，与饰面板的交接应吻合、严密
金属吊杆、龙骨接缝	检查隐蔽工程验收记录和施工记录	金属吊杆、龙骨的接缝应均匀一致，接缝应吻合，表面应平整，无翘曲、锤印。木质吊杆、龙骨应顺直，无劈裂、变形
吊顶内填充材料	检查隐蔽工程验收记录和施工记录	吊顶内填充吸声材料的品种和铺设厚度应符合设计要求，并应有相应防散落措施

表 6-18 暗龙骨吊顶安装的允许偏差和检验方法

项　目	允许偏差 /mm				检验方法
	纸面石膏板	金属板	矿棉板	木板、塑料板、格栅	
表面平整度	3	2	2	3	用 2m 靠尺和塞尺检查
接缝直线度	3	1.5	3	3	拉 5m 线,不足 5m 拉通线,用钢直尺检查
接缝高低差	1	1	1.5	1	用钢直尺和塞尺检查

表 6-19 明龙骨吊顶安装验收主要内容

名　称	检验方法	质量合格标准
吊顶标高、尺寸	观察、尺量检查	吊顶标高、尺寸、起拱和造型应符合设计要求
饰面材料	观察,检查产品合格证书、性能检测报告和进场验收记录	饰面材料的材质、品种、规格、图案和颜色应符合设计要求。当饰面材料为玻璃板时,应使用安全玻璃或采取可靠的安全措施
饰面材料与龙骨搭接	观察、手扳检查、尺量检查	饰面材料的安装应稳固严密,饰面材料与龙骨的搭接宽度应大于龙骨受力面宽度的 2/3
吊杆、龙骨材质	观察、尺量检查,检查产品合格证书、进场验收记录和隐蔽工程验收记录	吊杆、龙骨的材质、规格、安装间距及连接方式应符合设计要求。金属吊杆、龙骨应进行表面防腐处理,木龙骨应进行防腐、防火处理
饰面材料表面	观察、尺量检查	饰面材料表面应洁净、色泽一致,不得有翘曲、裂缝及缺损等缺陷。饰面板与明龙骨的搭接应平整、吻合,压条应平直、宽窄应一致
饰面板上设备	观察	饰面板上的灯具、烟感器、喷淋头、风口箅子等设备的位置应合理、美观,与饰面板的交接应吻合、严密
金属龙骨接缝	观察	金属龙骨的接缝应平整、吻合、颜色一致,不得有划伤、擦伤等表面缺陷。木质龙骨应平整、顺直、无劈裂
吊顶内填充材料	检查隐蔽工程验收记录和施工记录	吊顶内填充吸声材料的品种和铺设厚度应符合设计要求,并应有相应防散落措施

表 6-20 明龙骨吊顶安装的允许偏差和检验方法

项　目	允许偏差 /mm				检验方法
	石膏板	金属板	矿棉板	塑料板、玻璃板	
表面平整度	3	2	3	2	用 2m 靠尺和塞尺检查
接缝直线度	3	2	3	3	拉 5m 线,不足 5m 拉通线,用钢直尺检查
接缝高低差	1	1	2	1	用钢直尺和塞尺检查

三、骨架隔墙施工

骨架隔墙施工操作，如图 6-27 所示。

验收细节： 固定点间距应不大于1m，边骨的端部必须固定，固定应牢固。边框龙骨与基体之间应按设计要求安装密封条。

图 6-27　骨架隔墙施工

甲方工作人员验收要点：甲方工作人员对骨架隔墙进行验收时，应参照表 6-21 和表 6-22 的内容进行验收。

表 6-21　　　　　　　　骨架隔墙安装验收主要内容

名　称	检验方法	质量合格标准
骨架隔墙材料	观察，检查产品合格证书、进场验收记录、性能检测报告和复验报告	骨架隔墙所用龙骨、配件、墙面板、填充材料及嵌缝材料的品种、规格、性能和木材的含水率应符合设计要求。有隔声、隔热、阻燃、防潮等特殊要求的工程，材料应有相应性能等级的检测报告
龙骨与基体结构连接	手扳检查、尺量检查、检查隐蔽工程验收记录	骨架隔墙工程边框龙骨必须与基体结构连接牢固，并应平整、垂直且位置正确
龙骨间距和构造连接	检查隐蔽工程验收记录	骨架隔墙中龙骨间距和构造连接方法应符合设计要求。骨架内设备管线的安装、门窗洞口等部位的加强龙骨应安装牢固、位置正确，填充材料的设置应符合设计要求
木龙骨及墙面板防火	检查隐蔽工程验收记录	木龙骨及木墙面板的防火和防腐处理必须符合设计要求
墙面板安装	观察、手扳检查	骨架隔墙的墙面板应安装牢固，无脱层、翘曲、折裂及缺损
墙面板接缝材料	观察	墙面板所用接缝材料的接缝方法应符合设计要求
骨架隔墙表面	观察、手摸检查	骨架隔墙表面应平整光滑、色泽一致、洁净、无裂缝，接缝应均匀、顺直
隔墙上的孔、洞	观察	骨架隔墙上的孔、洞、槽、盒应位置正确、套割吻合、边缘整齐
隔墙填充材料	轻敲检查、检查隐蔽工程验收记录	骨架隔墙内的填充材料应干燥，填充应密实、均匀、无下坠

表 6-22　　　　　　　　　　　骨架隔墙安装的允许偏差和检验方法

项　　目	允许偏差 /mm		检验方法
	纸面石膏板	人造木板、水泥纤维板	
立面垂直度	3	4	用 2m 垂直检测尺检查
表面平整度	3	3	用 2m 靠尺和塞尺检查
阴阳角方正	3	3	用直角检测尺检查
接缝直线度	—	3	拉 5m 线，不足 5m 拉通线，用钢直尺检查
压条直线度	—	3	拉 5m 线，不足 5m 拉通线，用钢直尺检查
接缝高低差	1	1	用钢直尺和塞尺检查

四、板材隔墙施工

板材隔墙施工操作，如图 6-28 所示。

验收细节： 隔墙抹灰时先在隔墙上用 1∶2.5 水泥砂浆打底，要求全部覆盖钢丝网，表面平整，抹实 48 小时后用 1∶3 的水泥砂浆罩面，压光。抹灰层总厚度为 20mm，先抹隔墙的一面，48 小时后抹另一面。抹灰层完工 3 天内不得受任何撞击。

图 6-28　板材隔墙施工

甲方工作人员验收要点：甲方工作人员对板材隔墙施工进行验收时，应参照表 6-23 和表 6-24 的内容进行验收。

表 6-23　　　　　　　　　　　板材隔墙安装验收的主要内容

名　　称	检验方法	质量合格标准
板材材料	观察，检查产品合格证书、进场验收记录和性能检测报告	隔墙板材的品种、规格、性能、颜色应符合设计要求。有隔声、隔热、阻燃、防潮等特殊要求的工程，板材应有相应性能等级的检测报告
板材安装连接件	观察、尺量检查、检查隐蔽工程验收记录	安装隔墙板材所需预埋件、连接件的位置、数量及连接方法应符合设计要求
板材安装	观察、手扳检查	隔墙板材安装必须牢固。现制钢丝网水泥隔墙与周边墙体的连接方法应符合设计要求，并应连接牢固
板材接缝材料	观察、检查产品合格证书和施工记录	隔墙板材所用接缝材料的品种及接缝方法应符合设计要求

续表

名　称	检验方法	质量合格标准
板材安装垂直、平整	观察、尺量检查	隔墙板材安装应垂直、平整、位置正确，板材不应有裂缝或缺损
板材隔墙表面	观察、手摸检查	板材隔墙表面应平整光滑、色泽一致、洁净，接缝应均匀、顺直
隔墙上的孔、洞	观察	隔墙上的孔、洞、槽、盒位置应正确、套割方正、边缘整齐

表 6-24　　　　　　　　板材隔墙安装的允许偏差和检验方法

项　目	允许偏差 /mm				检验方法
	复合轻质墙板		石膏空心板	钢丝网水泥板	
	金属夹芯板	其他复合板			
立面垂直度	2	3	3	3	用 2m 垂直检测尺检查
表面平整度	2	3	3	3	用 2m 靠尺和塞尺检查
阴阳角方正	3	3	3	4	用直角检测尺检查
接缝高低差	1	2	2	3	用钢直尺和塞尺检查

第五节　幕墙（石材幕墙、玻璃幕墙）施工质量验收

一、玻璃幕墙施工操作质量验收

玻璃幕墙施工操作，如图 6-29 所示。

验收细节：连接件与预埋件连接时，必须保证焊接质量。每条焊缝的长度、高度及焊条型号均须符合焊接规范要求。采用膨胀螺栓时，钻孔应避开钢筋，螺栓埋入深度应能保证满足规定的抗拔能力。连接件一般为铟钢，形状随幕墙结构立柱形式变化和埋置部位变化而不同。

图 6-29　玻璃幕墙连接件安装

甲方工作人员验收要点：甲方工作人员对玻璃幕墙进行验收时，应参照表 6-24 的内容进行验收。

表 6-25   玻璃幕墙质量验收

验收项目 ＼ 项目名称	玻璃幕墙工程
主控项目	玻璃幕墙与主体结构连接的各种预埋件、连接件、紧固件必须安装牢固，其数量规格位置连接方法和防腐处理应符合设计要求。 检验方法：观察检查隐撤工程验收记录及施工记录。 各种连接件紧固件的螺栓应有防松动措施焊接连接应符合设计要求和焊接规范的规定。 检验方法：观察检查隐藏工程验收记录和施工记录。 隐框或半隐藏框玻璃幕墙每块玻璃下端 应设置两个铝合金或不锈钢托条，其长度不应小于 100mm，厚度不应小于 2mm 托条外端应低于玻璃外表面 2mm。 检验方法：观察检查施工记录 明框玻璃幕墙的玻璃安装应符合下列规定： （1）玻璃槽口与玻璃的配合尺寸应符合设计要求和技术标准的规定。 （2）玻璃与构件不得直接接触玻璃四周与构件凹槽底部应保持一定的空隙，每块玻璃下部应至少放置两块宽度与槽口宽度相同长度不小于 100mm 的弹性定位垫块，玻璃两边嵌入量及空隙应符合设计要求。 （3）玻璃四周橡胶条的材质型号应符合设计要求，镶嵌应平整橡胶条长度应比边框内增长 1.5% ～ 2.0%。橡胶条在转角处应斜面断开并应用黏结剂黏结牢固后嵌入槽内。 检验方法：观察检查施工记录
一般项目	明框玻璃幕墙的外露框或压条应横平竖直，颜色规格应符合设计要求，压条安装应牢固，单元玻璃幕墙的单元拼缝或隐框玻璃幕墙的分格玻璃拼缝应横平竖直均匀一致。 检验方法：观察、手扳，检查进场验收记录。 玻璃幕墙的密封胶缝应横平竖直，深浅一致，宽窄均匀，光滑顺直。 检验方法：观察手摸检查

二、石材幕墙施工操作质量验收

石材幕墙施工操作，如图 6-30 所示。

验收细节： 槽钢主龙骨、预埋件及各类镀锌角钢焊接破坏镀锌层后，均满涂两遍防锈漆（含补刷部分）进行防锈处理，并控制第一道、第二道的间隔时间不小于 12h。

图 6-30　石材幕墙施工

甲方工作人员验收要点：甲方工作人员对石材幕墙进行验收时，应参照表 6-26 的内容进行验收。

表 6-26   石材幕墙质量验收

验收项目 / 项目名称	石材幕墙工程
主控项目	石材幕墙工程所用材料的品种、规格、性能和等级应符合设计要求及国家现行产品标准和工程技术规范的规定，石材的弯曲强度不应小于 8.0MPa，吸水率应小于 0.8%，石材幕墙的铝合金挂件厚度不应小于 4.0mm，不锈钢挂件厚度不应小于 3.0mm。 检验方法：观察尺量检查。检查产品合格证书，性能检测报告，材料进场验收记录和复验报告 石材幕墙的造型立面分格颜色光泽花纹和图案应符合设计要求 检验方法：观察 石材孔槽的数量、深度、位置、尺寸应符合设计要求 检验方法：检查进场验收记录或施工记录 石材幕墙主体结构上的预埋件和后置埋件的位置、数量及后置埋件的拉拔力必须符合设计要求 检验方法：检查拉拔力检测报告和隐蔽工程验收记录 石材幕墙的金属框架立柱与主体结构预埋件的连接，立柱与横梁的连接，连接件与金属框架的连接，连接件与石材面板的连接必须符合设计要求，安装必须牢固 检验方法：手扳检查，检查隐蔽工程验收记录 金属框架和连接件的防腐处理应符合设计要求 检验方法：检查隐蔽工程验收记录 石材幕墙的防雷装置必须与主体结构防雷装置可靠连接 检验方法：观察检查隐蔽工程验收和施工记录 石材幕墙的防火保温防潮材料的设置应符合设计要求，填充应密实、均匀、厚度一致 检验方法：检查隐蔽工程验收记录
一般项目	石材幕墙表面应平整洁净无污染缺损和裂痕，颜色和花纹应协调一致，无明显色差及修痕 检验方法：观察 石材幕墙的压条应平直洁净，接口严密安装牢固 检验方法：观察、手扳检查 石材接缝应横平竖直宽窄均匀，阴阳角石板压向应正确，板边合缝应顺直，凸凹线出墙厚度应一致，上下口应平直石材面板上洞口槽边应套割吻合，边缘应整齐 检验方法：观察尺量检查 石材幕墙的密封胶缝应横平竖直，深浅一致，宽窄均匀，光滑顺直 检验方法：观察 石材幕墙上的滴水线流水坡向应正确顺直 检验方法：观察、用水平尺检查

第六节　块料镶贴施工质量验收

一、饰面板安装施工质量验收

饰面板安装施工操作，如图 6-31 所示。

图 6-31　饰面板安装

验收细节： 基体钻斜孔，板材钻孔后，按基体放线分块位置临时就位，确定对应于板材上下直孔的基体钻孔位置。用冲击钻在基体上钻出与板材平面呈45°角的斜孔，孔径为6mm，深40～50mm。

甲方工作人员验收要点：甲方工作人员对饰面板进行验收时，应参照表 6-27 和表 6-28 的内容进行验收。

表 6-27　饰面板安装施工验收主要内容

名　称	检验方法	质量合格标准
饰面板材料	观察，检查产品合格证书、进场验收记录和性能检测报告	饰面板的品种、规格、颜色和性能应符合设计要求，木龙骨、木饰面板和塑料饰面板的燃烧性能等级应符合设计要求
饰面板孔、槽	检查进场验收记录和施工记录	饰面板孔、槽的数量、位置和尺寸应符合设计要求
饰面板预埋件、连接件	手扳检查，检查进场验收记录、现场拉拔检测报告、隐蔽工程验收记录和施工记录	饰面板安装工程的预埋件（或后置埋件）、连接件的数量、规格、位置、连接方法和防腐处理必须符合设计要求。后置埋件的现场拉拔强度必须符合设计要求。饰面板安装必须牢固
饰面板表面	观察	饰面板表面应平整、洁净、色泽一致，无裂痕和缺损。石材表面应无泛碱等污染
饰面板嵌缝	观察、尺量检查	饰面板嵌缝应密实、平直，宽度和深度应符合设计要求，嵌填材料色泽应一致
饰面板防碱背涂	用小锤轻击检查、检查施工记录	采用湿作业法施工的饰面板工程，石材应进行防碱背涂处理。饰面板与基体之间的灌注材料应饱满、密实

表 6-28　饰面板安装的允许偏差和检验方法

项　目	允许偏差 /mm							检验方法
	石材			瓷板	木材	塑料	金属	
	光面	剁斧石	蘑菇石					
立面垂直度	2	3	3	2	1.5	2	2	用 2m 垂直检测尺检查
表面平整度	2	3	—	1.5	1	3	3	用 2m 靠尺和塞尺检查
阴阳角方正	2	4	4	2	1.5	3	3	用直角检测尺检查

续表

项　　目	允许偏差 /mm							检验方法
	石材			瓷板	木材	塑料	金属	
	光面	剁斧石	蘑菇石					
接缝直线度	2	4	4	2	1	1	1	拉 5m 线，不足 5m 拉通线，用钢直尺检查
墙裙、勒脚上口直线度	2	3	3	2	2	2	2	拉 5m 线，不足 5m 拉通线，用钢直尺检查
接缝高低差	0.5	3	—	0.5	0.5	1	1	用钢直尺和塞尺检查
接缝宽度	1	2	2	1	1	1	1	用钢直尺检查

二、饰面砖粘贴施工质量验收

饰面砖镶贴施工操作，如图 6-32 所示。

验收细节：墙砖粘贴时，平整度用 1m 靠尺检查，误差≤ 1mm，2m 靠尺检查，平整度≤ 2mm，相邻砖间缝隙宽度≤ 2mm，平整度≤ 3mm，接缝高低差≤ 1mm。

图 6-32　饰面砖镶贴

甲方工作人员验收要点：甲方工作人员对饰面砖粘贴施工进行验收时，应参照表 6-29 的内容进行验收。

表 6-29　　　　　　饰面砖镶贴施工验收主要内容

名　　称	检验方法	质量合格标准
饰面砖材料	观察，检查产品合格证书、进场验收记录、性能检测报告和复验报告	饰面砖的品种、规格、图案颜色和性能应符合设计要求
饰面砖找平、防水	检查产品合格证书、复验报告和隐蔽工程验收记录	饰面砖粘贴工程的找平、防水、黏结和勾缝材料及施工方法应符合设计要求及国家现行产品标准和工程技术标准的规定
饰面砖粘贴	检查样板件黏结强度检测报告和施工记录	饰面砖粘贴必须牢固
满粘法施工	观察、用小锤轻击检查	满粘法施工的饰面砖工程应无空鼓、裂缝

续表

名　　称	检验方法	质量合格标准
饰面砖表面	观察	饰面砖表面应平整、洁净、色泽一致，无裂痕和缺损
阴阳角粘贴	观察	阴阳角处搭接方式、非整砖使用部位应符合设计要求
饰面砖接缝	观察、尺量检查	饰面砖接缝应平直、光滑，填嵌应连续、密实，宽度和深度应符合设计要求
滴水线（槽）	观察、用水平尺检查	有排水要求的部位应做滴水线（槽），滴水线（槽）应顺直，流水坡向应正确，坡度应符合设计要求

第七节　涂饰施工质量验收

一、水溶性涂料涂饰施工质量验收

水溶性涂料涂饰施工操作，如图 6-33 所示。

验收细节：混凝土或抹灰基层涂刷水溶性涂料时，含水率不得大于 8%；涂刷水溶性涂料时，含水率不得大于 10%；木质基层含水率不得大于 12%。

图 6-33　水溶性涂料涂饰

甲方工作人员验收要点：甲方工作人员对水溶性涂料涂饰进行验收时，应参照表 6-30～表 6-32 的内容进行验收。

表 6-30　　　　　　　　　　薄涂料涂饰质量验收方法

项　　目	普通涂饰	高级涂饰	检验方法
颜色	均匀一致	均匀一致	观察
泛碱、咬色	允许少量轻微	不允许	
流坠、疙瘩	允许少量轻微	不允许	
砂眼、刷纹	允许少量轻微砂眼、刷纹通顺	无砂眼，无刷纹	
装饰线、分色线直线度允许偏差 /mm	2	1	拉 5m 线，不足 5m 拉通线，用钢直尺检查

表 6-31   厚涂料涂饰质量验收方法

项　　目	普通涂饰	高级涂饰	检验方法
颜色	均匀一致	均匀一致	观察
泛碱、咬色	允许少量轻微	不允许	
点状分布	—	疏密均匀	

表 6-32   复合涂料涂饰质量验收方法

项　　目	质量要求	检验方法
颜色	均匀一致	观察
泛碱、咬色	不允许	
喷点疏密程度	均匀，不允许连片	

二、溶剂型涂料涂饰施工质量验收

溶剂型涂料涂饰施工操作，如图 6-34 所示。

图 6-34　溶剂型涂料涂刷

甲方工作人员验收要点：甲方工作人员对溶剂型涂料涂刷施工质量验收时，应参照表 6-33 和表 6-34 的内容进行验收。

表 6-33   色漆涂饰质量验收的方法

项　　目	普通涂饰	高级涂饰	检验方法
颜色	均匀一致	均匀一致	观察
光泽、光滑	光泽基本均匀、光滑无挡手感	光泽均匀一致、光滑	观察、手摸检查
刷纹	刷纹通顺	无刷纹	观察
裹棱、流坠、皱皮	明显处不允许	不允许	观察
装饰线、分色线直线度允许偏差 /mm	2	1	拉 5m 线，不足 5m 拉通线，用钢直尺检查

表 6-34　　　　　　　　　　　　　清漆涂饰质量验收的方法

项　　目	普通涂饰	高级涂饰	检验方法
颜色	基本一致	均匀一致	观察
木纹	棕眼刮平、木纹清楚	棕眼刮平、木纹清楚	观察
光泽、光滑	光泽基本均匀、光滑无挡手感	光泽均匀一致，光滑	观察、手摸检查
刷纹	无刷纹	无刷纹	观察
裹棱、流坠、皱皮	明显处不允许	不允许	观察

第八节　室内木门窗安装质量验收

室内木窗安装操作，如图 6-35 所示。

甲方工作人员验收要点如下。

（1）木门窗的品种、类型、规格、开启方向、安装位置及连接方法应符合要求。

（2）门窗框的安装必须牢固。预埋木砖的防腐处理、木门窗框固定点的数量、位置及固定方法应符合要求。

（3）木门窗扇必须安装牢固，并应开关灵活、关闭严密无倒翘。

（4）木门窗配件的型号、规格、数量应符合设计要求，安装应牢固、位置应正确，功能应满足使用要求。

图 6-35　木窗安装操作

（5）木门窗与墙体间缝隙的填嵌材料应符合设计要求，填嵌应饱满。寒冷地区外门窗（或门窗框）与砌体间的空隙应填充保温材料。

第九节　木地板铺装质量验收

一、实木地板铺设质量验收

实木地板铺设操作，如图 6-36 所示。

验收细节：按照设计要求，事先把要铺设地板的基层做好（大多是水泥地面），基层表面应平整、光洁、不起尘，含水率不大于 8%。安装前应清扫干净，必要时在其面上涂刷绝缘脂或油漆。房间平面如果是矩形，其相邻墙体必须相互垂直。

图 6-36 实木地板铺设

甲方工作人员验收要点：甲方工作人员对实木地板铺设施工验收时，应参照表 6-35 的内容进行验收。

表 6-35 实木地板铺设质量验收

名　　　称	验收内容
基层清理	实铺法施工时，要将基层上的砂浆、垃圾、尘土等清扫干净；空铺法施工时，地垄墙内的砖头、砂浆、灰屑等应全部清扫干净
实铺法安装固定木格栅、垫木	当基层锚件为预埋螺栓时，在格栅上划线钻孔，与墙之间注意留出 30mm 的缝隙，将格栅穿在螺栓上，拉线，用直尺找平格栅上平面，在螺栓处垫调平垫木；当基层预埋件为镀锌钢丝时，格栅按线铺上后，拉线，用预埋钢丝把格栅绑扎牢固；调平垫木，应放在绑扎钢丝处。锚固件不得超过毛地板的底面。垫木宽度不少于 5mm，长度是格栅底宽的 1.5 ～ 2 倍
空铺法安装固定木格栅、垫木	在地垄墙顶面，用水准仪找平、贴灰饼，抹 1：2 水泥砂浆找平层。砂浆强度达到 15MPa 后，干铺一层油毡，垫通长防腐、防蛀垫木。按设计要求，弹出格栅线。铺钉时，格栅与墙之间留 30mm 的空隙。用地垄墙上预埋的 10 号镀锌钢丝绑扎格栅。格栅调平后，在格栅两边钉斜钉子与垫木连接。格栅之间每隔 800mm 钉剪刀撑木
钉毛地板	毛地板铺钉时，木材髓心向上，接头必须设在格栅上，错缝相接，每块板的接头处留 2 ～ 3mm 的缝隙，板的间隙不应大于 3mm，与墙之间留 8 ～ 12mm 的空隙。然后用 63mm 的钉子钉牢在格栅上。板的端头各钉两颗钉子，与格栅相交位置钉一颗钉帽砸扁的钉子。并应冲入地板面 2mm，表面应刨平。钉完后，弹方格网点找平，边刨平边用直尺检测，使表面同一水平度与平整度达到控制要求后方能铺设地板
安装踢脚线	先在墙面上弹出踢脚线的上口线，在地板面弹出踢脚线的出墙厚度线，用 50mm 钉子将踢脚线上下钉牢再嵌入墙内的预埋木砖上。值得注意的是，墙上预埋的防腐木砖应突出墙面与粉刷面齐平。接头锯成 45°斜口,接头上下各钻两个小孔，钉入钉帽砸扁的铁钉，冲入 2 ～ 3mm
抛光、打磨	抛光、打磨是地板施工中的一道细致工序，因此，必须机械和手工结合操作。抛光机的速度要快，磨光机的粗细砂布应根据磨光的要求更换，应顺木纹方向抛光、打磨，其磨削总量控制在 0.3 ～ 0.8mm 以内。凡抛光、打磨不到位或粗糙之处，必须手工细刨、用细砂纸打磨
油漆、打蜡	地板磨光后应立即上漆，使之与空气隔断，避免湿气侵袭地板。先满打腻子两遍，用砂纸打磨洁净，再均匀涂刷地板漆两遍。表面干燥后，再打蜡、擦亮

二、复合地板铺设质量验收

复合地板铺设操作，如图 6-37 所示。

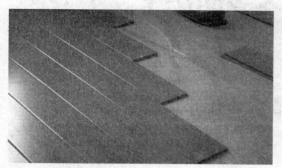

验收细节：龙骨的安装应先在地面做预埋件，以固定木龙骨，预埋件为螺栓及铅丝，预埋件间距为 800mm，从地面钻孔下入。

图 6-37　复合地板铺设

甲方工作人员验收要点：复合地板铺装可从任意处开始，不限制方向。顺墙铺装复合地板，有凹槽口的一面靠着墙，墙壁和地板之间留出空隙 10 ~ 12mm，在缝内插入与间距同厚度的木条。将铺第一排锯下的端板，用作第二排地板的第一块。以此类推。最后一排通常比其他的地板窄一些，把最后一块和已铺地板边缘对边缘，量出与墙壁的距离，加 8 ~ 12mm 间隙后锯掉，用回力钩放入最后一排并排紧。地板完全铺好后，应停置 24 小时。

第七章　安全文明施工

第一节　现场基础配套设施布置验收

一、围挡布置

为了便于施工管理，防止与施工作业无关的人员进入施工现场，防止施工作业影响周围环境，施工现场必须采用封闭围挡，如图 7-1 所示。

验收细节： 在主要路段与市容景观道路及机场码头、车站、广场设置的围栏，其高度不应低于 2.5m；在其他路段设置的围栏，其高度不应低于 1.8m。

图 7-1　封闭围挡

甲方工作人员验收要点如下。

（1）围栏的材料，应当采用砖墙（见图 7-2）、木板或者瓦楞板等材料，不得采用竹篱笆、彩条布等。围挡应做到稳固、整洁、美观。

砖墙围挡的墙面需抹光时，一般采用砂浆抹光。

图 7-2　砖墙围挡

（2）围挡外不得堆放建筑材料、垃圾及工程渣土；围挡的设置必须沿工地四周连续进行，不能有缺口或者出现个别处不坚固等问题。

（3）施工现场进出口应当设置大门，有门卫室，设警卫人员，制定值班制度，如图7-3所示。

验收细节：应设置门卫室。

图7-3　施工现场大门

二、施工现场标牌布置

施工现场的入口处应当设置"一图五牌"，即工程总平面布置图（见图7-4）、工程概况牌（见图7-5）、管理人员及监督电话牌（见图7-6）、安全生产牌（见图7-7）、消防保卫牌以及文明施工牌（见图7-8），以接受群众监督。

图7-4　工程总平面布置图

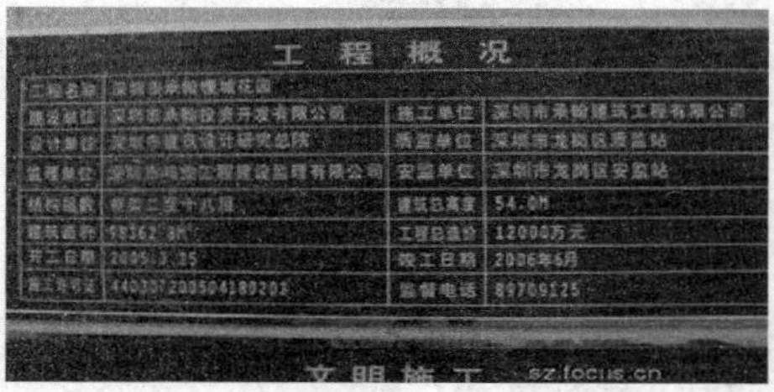

验收细节：牌中应写明工程名称、面积、层数、建设单位、设计单位、监理单位、开竣工日期、项目经理及联系电话等内容。

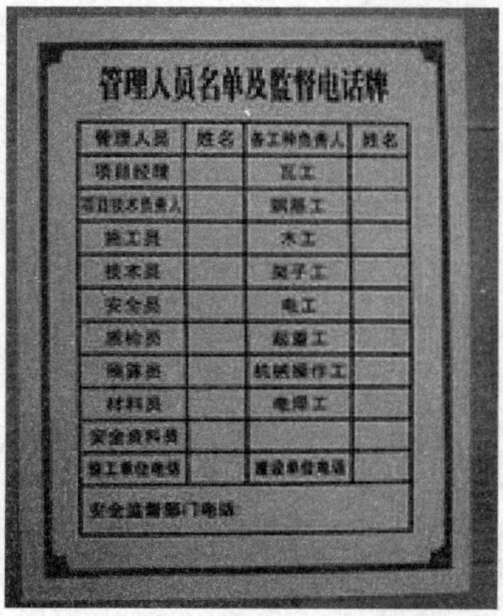

图7-5　工程概况牌

图7-6　管理人员及监督电话牌　　图7-7　安全生产牌

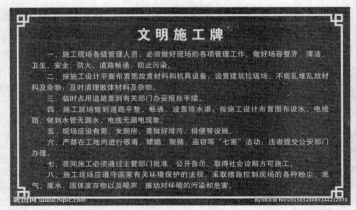

图 7-8　文明施工牌

　　甲方工作人员验收要点如下。

　　（1）施工单位应在施工起重机械、临时用电设施、脚手架、出入通道口、楼梯口、电梯井口、孔洞口、隧道口、桥梁口、基坑边沿、爆破物以及有害危险气体和液体存放处等危险地点，设置明显的安全警示标志（见图 7-9）。

图 7-9　出入通道口安全标志布置

　　（2）生产作业场所需设有机械操作岗位安全操作规程牌，如图 7-10 所示。

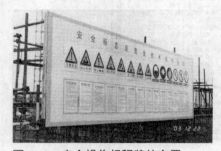

图 7-10　安全操作规程牌的布置

　　验收细节：图牌应当设置稳固、规格统一，位置合理，字迹端正，线条清晰，标示明确。各种安全警示标志设置后，未经施工单位负责人批准，不得擅自移动或拆除。

三、宿舍安全布置

施工现场应按照相关规定在指定的地点建造临时集体宿舍（见图7-11），在未竣工的建筑物内不得设置员工集体宿舍。

验收细节：宿舍内应当保证有必要的生活空间，室内净高不得小于2.4m，通道宽度不得小于0.9m，每间宿舍居住人员不能超过16人。

图7-11　某施工现场集体宿舍

甲方工作人员验收要点如下。

（1）施工现场宿舍需设置可开启式窗户（见图7-12）。宿舍内的床铺不得超过2层，严禁使用通铺。

（2）宿舍内应当设置生活用品专柜，有条件的宿舍宜设置生活用品储藏室。

（3）宿舍内应当设置垃圾桶，宿舍外宜设置鞋柜或者鞋架。生活区内应当提供为作业人员晾晒衣物的场地（见图7-13）。

图7-12　宿舍采用开启式窗户

（4）生活废水应当有污水池（见图7-14），2楼以上也要有水源及水池，做到卫生区内无污水、无污物。

图7-13　衣物晾晒场地

图7-14　生活区污水池

四、食堂安全布置

食堂的安全布置，如图 7-15 所示。

验收细节：建筑施工现场的食堂应当设置在远离厕所、垃圾站、有毒有害场所等污染源的地方；食堂应当有相应的更衣、消毒、盥洗、采光、照明、通风、防蝇、防尘设备及通畅的上水管道。采购运输需有专用食品容器及专用车。

图 7-15　施工现场食堂

甲方工作人员验收要点如下。

（1）食堂要有与进餐人数相适应的餐厅。餐厅应当设有洗碗池、洗手设备。餐厅外应当设置密闭式泔水桶，且应及时清运。

（2）食堂应当设置独立的制作间（见图 7-16）、储藏间。门扇下方应设不低于 0.2m 采用金属材料包裹的防鼠挡板，以防老鼠啃咬。

验收细节：制作间应当分为主食间、副食间、烧火间，有条件的，可以分开设置生料间、择菜间、炒菜间、冷荤间及面点间。制作间灶台及其周边应贴瓷砖，所贴瓷砖高度不宜小于 1.5m，地面应做硬化与防滑处理。炉灶应有通风排烟设备。

图 7-16　施工现场食堂的制作间

（3）食堂应当设置隔油池（见图 7-17），且应及时清理。

验收细节：隔油池是指食堂在生活用水排入市政管道之前设置的阻挡废弃油污进入市政管道的池子。

图 7-17　隔油池

（4）食堂、盥洗室、淋浴间的下水管线应当设置过滤网，并应与市政污水管连接，保证排水通畅。

五、拌和站安全布置

拌和站的安全布置，如图 7-18 所示。

验收细节： 施工单位签订合同后，应按照"工厂化、集约化、专业化"的要求立即着手进行拌和站的选址与规划，在规定的时间内明确拌和站设置规模及位置，并编写建设方案，内容包括位置、占地面积、功能区划分、场内道路布置、排水设施布置、水电设施设置及施工设备的型号、数量等。

图 7-18 施工现场拌和站

甲方工作人员验收要点如下。

（1）拌和站及施工点、施工便道的修建要保证混凝土运输车等施工车辆在晴天和雨天都能顺畅通行。

（2）拌和站建设应综合考虑施工生产情况，合理划分生活区、拌和作业区、材料计量区、材料库及运输车辆停放区等。拌和站的生活区应同其他区隔离开，场地进行硬化处理。

六、钢筋加工场安全布置

钢筋加工场的布置，如图 7-19 所示。

验收细节： 大型钢筋加工场必须配备数控钢筋弯曲机 1 台、数控弯箍机 1 台，保证工程所需各种钢筋均由机械自动加工成型。

图 7-19 钢筋加工场

甲方工作人员验收要点如下。

钢筋加工场安全布置操作要点。

（1）钢筋加工场的规模及功能应符合投标文件承诺的有关要求及满足施工需要。材料堆放区、成品区、作业区应分开或隔离。

（2）钢筋加工场必须配备桁式起重机或门式起重机（见图7-20）。起重机必须由专业厂家生产，使用前须通过有关部门的鉴定，严禁使用自行组装的起重机。

门式起重机是桥式起重机的一种变形，又叫龙门吊。主要用于室外的货场、料场货、散货的装卸作业。它的金属结构像门形框架，承载主梁下安装两条支脚，可以直接在地面的轨道上行走，主梁两端可以具有外伸悬臂梁。门式起重机具有场地利用率高、作业范围大、适应面广、通用性强等特点。

图 7-20　钢筋加工场的门式起重机

第二节　脚手架安全文明搭设验收

一、扣件式钢管脚手架搭设验收

（1）摆放扫地杆、树立杆。摆放扫地杆、树立杆操作如图7-21所示。

验收细节：当立杆采用对接接长时，立杆的对接扣件应交错布置，两根相邻立杆的接头不应设置在同步内，同步内隔一根立杆的两个相隔接头在高度方向错开的距离不宜小于500mm；各接头中心至主节点的距离不宜大于步距的1/3。

验收细节：当立杆采用搭接接长时，搭接长度不应小于1m，并应采用不少于2个旋转扣件固定。端部扣件盖板的边缘至杆端距离不应小于100mm。

图 7-21　排放扫地杆示意图

甲方工作人员验收要点：立杆要先树内排立杆，后树外排立杆；先树两端立杆，后树中间各立杆。每根立杆底部应设置底座或垫板。当立杆基础不在同一高度时，应将高处的纵向扫地杆向低处延长两跨并与立杆固定，高低差不应大于1m。靠边坡上方的立杆到边坡距离应大于0.5m。

（2）安装纵向和横向水平杆。安装纵向和横向水平杆操作如图 7-22 和图 7-23 所示。

验收细节：搭接长度不应小于 1m，应等间距设置 3 个旋转扣件固定，端部扣件盖板边缘至搭接纵向水平杆杆端的距离不应小于 100mm。

旋转扣件

验收细节：纵向水平杆宜设置在立杆内侧，单根杆长度不宜小于 3 跨。

立杆

图 7-22　纵向水平杆搭设

验收细节：当使用冲压钢脚手板、木脚手板、竹串片脚手板时，双排脚手架的横向水平杆两端均应采用直角扣件固定在纵向水平杆上。单排脚手架的横向水平杆的一端，应用直角扣件固定在纵向水平杆上，另一端插入墙内，插入长度不应小于 180mm。

验收细节：作业层上非主节点处的横向水平杆，宜根据支承脚手板的需要等间距设置，最大间距不应大于纵距的 1/2。

纵向水平杆

图 7-23　横向水平杆搭设

甲方工作人员验收要点：在树立杆的同时，要及时搭设第一、二步纵向水平杆和横向水平杆，以及临时抛撑或连墙件，以防架子倾倒。

（3）设置连墙件。设置连墙件操作如图 7-24 所示。

图 7-24　刚性连墙件设置

验收细节：连墙件的设置位置宜靠近主节点，偏离主节点的距离不应大于 300mm。在建筑物的每一层范围内均需设置一排连墙件。

甲方工作人员验收要点：搭设高度小于 24m 的脚手架宜采用刚性连墙件，高度大于或等于 24m 的脚手架必须用刚性连墙件。连墙件应从第一步纵向水平杆处开始设置，当该处设置有困难时，应采取其他措施。

（4）设置横向斜撑。设置横向斜撑如图 7-25 所示。

验收细节：横向斜撑应在同一节间内由底到顶呈"之"字形连续布置。

图 7-25　横向斜撑现场设置

甲方工作人员验收要点：横向斜撑应随立杆、纵向水平杆、横向水平杆等同步搭设。高度在 24m 以上的封圈型双排脚手架，在拐角处应设置横向抛撑，在中间应每隔 6 跨设置一道。

（5）设置剪刀撑。设置剪刀撑操作如图 7-26 所示。

验收细节：剪刀撑斜杆的接长宜用搭接，其搭接长度不应小于 1m，至少用两个旋转扣件固定，端部扣件盖板边缘至杆端的距离不小于 100mm。

图 7-26　剪刀撑现场设置图片

甲方工作人员验收要点：剪刀撑斜杆应用旋转扣件固定在与之相交的横向水平杆上，且扣件中心线与主节点的距离不宜大于 150mm。底层斜杆的下端必须支承在垫块或垫板上。

二、碗扣式钢管脚手架搭设验收

（1）安放立杆底座。安放立杆底座如图 7-27 所示。

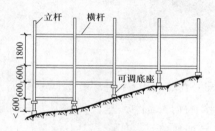

图 7-27　安放立杆底座示意图

甲方工作人员验收要点：甲方工作人员对安放立杆底座施工验收的主要内容，见表 7-1。

表 7-1　　　　　　　　　　　　　　　　安放立杆底座验收

名　　称	内　　容
相邻立杆地基高差小于 0.6m	可直接用立杆可调底座调整立杆高度，使立杆碗扣接头处于同一水平面内
相邻立杆地基高差大于 0.6m	可先调整立杆节间，即对于高差超过 0.6m 的地基，立杆相应增加一个节间 0.6m，使同一层碗扣接头的高差小于 0.6m，再用立杆可调底座调整高度，使其处于同一水平面上

（2）在安装好的底座上插入立杆。底座插入立杆操作如图 7-28 所示。

验收细节：上面各层均采用 3m 长立杆接长，顶部再用 1.8m 长立杆找平。

图 7-28　立杆交错布置施工

甲方工作人员验收要点：第一层立杆应采用 1.8m 和 3.0m 两种不同长度立杆相互交错布置，使立杆接头相互错开。

（3）安装扫地杆。安装扫地杆施工如图 7-29 所示。

验收细节：立杆与横杆的连接是靠碗扣接头，连接横杆时，先将横杆接头插入下碗扣的周边带齿的圆槽内，将上碗扣限位销滑下扣住横杆接头，并顺时针旋转扣紧，用铁锤敲击几下即能牢固锁紧。

图 7-29　施工现场扫地杆的设置

甲方工作人员验收要点：在装立杆的同时应及时设置扫地杆，将立杆连接成一个整体，以保证框架的整体稳定。

（4）安装底层横杆。安装底层横杆施工操作如图 7-30 所示。

图 7-30 安装底层横杆

甲方工作人员验收要点：碗扣式钢管脚手架的步高取 600mm 的倍数，一般采用 1800mm，只有在荷载较大或较小的情况下，才采用 1200mm 或 2400mm。

（5）布置剪刀撑。布置剪刀撑操作如图 7-31 所示。

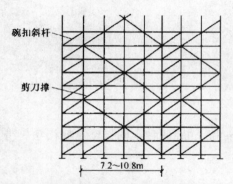

验收细节：高度在 30m 以下的脚手架，一般可每隔 4～6 跨设置一组沿立杆连续搭设的剪刀撑，每道剪刀撑跨越 5～7 根立杆，设剪刀撑的跨内不再设碗扣式斜杆；对于高度在 30m 以上的高层脚手架，应沿脚手架外侧以及全高方向连续设置，两组剪刀撑之间用碗扣式斜杆。

图 7-31 纵向斜撑和竖向剪刀撑设置示意图

甲方工作人员验收要点：剪刀撑包括竖向剪刀撑以及纵向水平剪刀撑，应采用钢管和扣件搭设，这样既可减少碗扣式斜杆的用量，又能改善脚手架的受力性能。架体侧面的竖向剪刀撑，对于增强架体的整体性具有重要的意义。

（6）安装连墙件。安装连墙件施工操作如图 7-32 所示。

验收细节：建筑物的每一楼层都必须与脚手架连接，连墙点的垂直距离≤4m，水平距离≤4.5m，尽量采用梅花形布置方式。

图 7-32 碗扣式脚手架连墙件安装

　　甲方工作人员验收要点：连墙件应尽量连接在横杆层碗扣接头内，同脚手架、墙体保持垂直，并随建筑物及架体的升高及时设置，设置时要注意调整脚手架与墙体间的距离，使脚手架竖向平面保持垂直，严禁架体向外倾斜。连墙件应尽量与脚手架体或墙体保持垂直，各向倾角不得超过10°。

三、悬挑脚手架搭设验收

　　（1）支撑杆式悬挑脚手架搭设。支撑式悬挑脚手架搭设施工操作如图7-33所示。

验收细节：脚手架中各层均应设置护栏、踢脚板和扶梯。脚手架外侧和单个架子的底面用小眼安全网封闭，架子与建筑物要保证有必要的通道。

图7-33　支撑杆式悬挑脚手架

　　甲方工作人员验收要点。

　　1）连墙杆的设置：根据建筑物的轴线尺寸，在水平方向应每隔3跨（6m）设置一个，在垂直方向应每隔3～4m设置一个，并要求各点互相错开，形成梅花状布置。

　　2）要严格控制脚手架的垂直度，随搭随检查，发现超过允许偏差时及时纠正。垂直度偏差：第一段不得超过1/400；第二段、第三段不得超过1/200。

　　3）脚手架的底层应满铺厚木脚手板，其上各层可满铺薄钢板冲压成的穿孔轻型脚手板。

　　（2）挑梁式悬挑脚手架搭设。挑梁式悬挑脚手架搭设操作如图7-34所示。

验收细节：挑梁式悬挑脚手架立杆与挑梁（或纵梁）的连接，应在挑梁（或纵梁）上焊150～200mm长钢管，其外径比脚手架立杆内径小1.0～1.5mm，用接长扣件连接，同时在立杆下部设1～2道扫地杆，以确保架子的稳定。

图7-34　挑梁式悬挑脚手架搭设

　　甲方工作人员验收要点：甲方工作人员对挑梁式悬挑脚手架搭设进行验收时应按照表7-2中的内容进行验收。

表 7-2　　　　　　　　　　　分段式挑梁式悬挑脚手架搭设的技术要求

允许荷载 /（N/m²）	立杆最大间距 /mm	纵向水平杆最大间距 /mm	横向水平杆间距 /mm		
			脚手板厚度 /mm		
			30	43	50
1000	2700	1350	2000	2000	2000
2000	2400	1200	1400	1400	1750
3000	2000	1000	2000	2000	2200

第三节　施工现场安全文明用电验收

一、外电线路防护安全文明用电验收

外电线路敷设操作要求，如图 7-35 和图 7-36 所示。

验收细节：在建工程不得在外电架空线路正下方施工、搭设作业棚、建造生活设施或堆放构件、架具、材料及其他杂物。

图 7-35　外电架空线路下不得堆放杂物

验收细节：施工现场开挖沟槽边缘与外电埋地电缆沟槽边缘之间的距离不得小于 0.5m。

图 7-36　外电埋地电缆敷设

甲方工作人员验收要点如下。

（1）在建工程的周边与外电架空线路的边线之间的最小安全操作距离的规定见表 7-3。

表 7-3　　　　　在建工程的周边与外电架空线路的边线之间的最小安全操作距离

外电线路电压等级 /kV	< 1	1 ~ 10	35 ~ 110	220	330 ~ 500
最小安全操作距离 /m	4.0	6.0	8.0	10	15

注　上、下脚手架的斜道不宜设在有外电线路的一侧。

（2）施工现场的机动车车道与外电架空线路交叉时，架空线路的最低点与路面的最小垂直距离的规定见表 7-4。

表 7-4　　　　　施工现场的机动车道与架空线路交叉时的最小垂直距离

外电线路电压等级 /kV	< 1	1 ~ 10	35
最小垂直距离 /m	6.0	7.0	7.0

（3）起重机严禁越过无防护设施的外电架空线路作业。在外电架空线路附近吊装时，起重机的任何部位或被吊物边缘在最大偏斜时与架空线路边线的最小安全距离的规定见表 7-5。

表 7-5　　　　　起重机与架空线路边线的最小安全距离

安全距离 /m　　　　电压 /kV	< 1	10	35	110	220	330	500
沿垂直方向 /m	1.5	3.0	4.0	5.0	6.0	7.0	8.5
沿水平方向 /m	1.5	2.0	3.5	4.0	6.0	7.0	8.5

（4）防护设施与外电线路之间的安全距离不应小于表 7-6 中所列数值。

表 7-6　　　　　防护设施与外电线路之间的最小安全距离

外电线路电压等级 /kV	10	35	110	220	330	500
最小安全距离 /m	1.7	2.0	2.5	4.0	5.0	6.0

二、保护接零安全文明操作验收

（1）在施工现场专用变压器的供电 TN-S 接零保护系统（见图 7-37）中，电气设备的金属外壳必须与保护零线连接。保护零线应由工作接地线、配电室（总配电箱）电源侧零线或总漏电保护器电源侧零线处引出。

验收细节：在 TN-S 系统中，下列电气设备不带电的外露可导电部分应做保护接零。

（1）电机、变压器、电器、照明器具、手持式电动工具的金属外壳；

（2）电气设备传动装置的金属部件；

（3）配电柜与控制柜的金属框架；

（4）配电装置的金属箱体、框架及靠近带电部分的金属围栏和金属门；

（5）电力线路的金属保护管、敷线的钢索、起重机的底座和轨道、滑升模板金属操作平台等。

图 7-37　TN-S 接零保护系统

（2）当施工现场与外电线路共用同一供电系统时，电气设备的接地、接零保护应与原系统保持一致。不得一部分设备做保护接零，另一部分设备做保护接地。

（3）采用 TN-S 系统做保护接零时，工作零线（N 线）必须通过总漏电保护器，保护零线（PE 线）必须由电源进线零线重复接地处或总漏电保护器电源侧零线处引出形成局部 TN-S 接零保护系统。

（4）在 TN-S 接零保护系统中，通过总漏电保护器的工作零线与保护零线之间不得再做电气连接。

（5）在 TN-S 接零保护系统中，PE 零线应单独敷设。重复接地线必须与 PE 线相连接，严禁与 N 线相连接。

甲方工作人员验收要点如下。

1）安装在电力线路杆（塔）上的开关、电容器等电气装置的金属外壳及支架；

2）在 TN-S 系统中，下列电气设备不带电的外露可导电部分，可不做保护接零：①在木质、沥青等不良导电地坪的干燥房间内，交流电压 380V 及以下的电气装置金属外壳（当维修人员可能同时触及电气设备金属外壳和接地金属件的除外）；②安装在配电柜、控制柜金属框架和配电箱的金属箱体上，且与其可靠电气连接的电气测量仪表、电流互感器、电器的金属外壳。

三、接地与接地电阻安全文明操作验收

（1）单台容量超过 100kVA 或使用同一接地装置并联运行且总容量超过 100kVA 的电力变压器（见图 7-38）或发电机的工作接地电阻值不得大于 4Ω。

图 7-38　施工现场变压器接地

验收细节：（1）单台容量不超过100kVA或使用同一接地装置并联运行且总容量不超过100kVA的电力变压器或发电机的工作接地电阻值不得大于10Ω。

（2）在土壤电阻率大于1000Ω·m的地区，当达到上述接地电阻值有困难时，工作接地电阻值可提高到30Ω。

（2）TN-S系统中的保护零线除必须在配电室或总配电箱处做重复接地外（见图7-39），还必须在配电系统的中间处和末端处做重复接地。

图 7-39　室外配电箱接地

验收细节：在TN-S系统中，保护零线每一处重复接地装置的接地电阻值不应大于10Ω。在工作接地电阻值允许达到10Ω的电力系统中，所有重复接地的等效电阻值不应大于10Ω。

（3）在TN-S系统中，严禁将单独敷设的工作零线再做接地。

（4）每一接地装置的接地线应采用两根及以上导体，在不同点与接地体做电气连接（见图7-40）。

验收细节：不得采用铝导体做接地体或地下接地线。垂直接地体宜采用角钢、钢管或光面圆钢，不得采用螺纹钢。接地可利用自然接地体，但应保证其电气连接和热稳定。

图 7-40　接地装置连接

（5）移动式发电机系统接地应符合电力变压器系统接地的要求。下列情况可不另做保护接零：①移动式发电机和用电设备固定在同一金属支架上，且不供给其他设备用电时；②不超过 2 台的用电设备由专用的移动式发电机供电，供、用电设备间距不超过 50m，且供、用电设备的金属外壳之间有可靠的电气连接。

甲方工作人员验收要点：在有静电的施工现场内，对集聚在机械设备上的静电应采取接地泄漏措施。每组专设的静电接地体的接地电阻值不应大于 100Ω，高土壤电阻率地区不应大于 1000Ω。接地装置的设置应考虑土壤干燥或冻结及街边变化的影响，具体要求应符合表 7-7 中的规定。

表 7-7　　　　　　　　　　　接地装置的季节系数

埋深 /m	水平接地体	长 2 ～ 3m 的垂直接地体
0.5	1.4 ～ 1.8	1.2 ～ 1.4
0.8 ～ 1.0	1.25 ～ 1.45	1.15 ～ 1.3
2.5 ～ 3.0	1.0 ～ 1.1	1.0 ～ 1.1

注　土壤干燥时，应取表中的最小值；土壤较为潮湿时，应取表中的最大值。

四、防雷施工安全文明操作验收

1. 防雷施工安全文明操作要点

（1）机械设备或设施的防雷引下线（见图 7-41）可利用该设备或设施的金属结构体，但应保证电气连接。

验收细节：在土壤电阻率低于200Ω•m区域的电杆可不另设防雷接地装置，但在配电室的架空进线或出线处应将绝缘子铁脚与配电室的接地装置相连接。

图7-41　防雷引下线安装

（2）机械设备上的避雷针（接闪器）长度应为 $1 \sim 2m$。塔式起重机可不另设避雷针（接闪器）。

（3）安装避雷针（接闪器）的机械设备，所有固定的动力、控制、照明、信号及通信线路，宜采用钢管敷设。钢管与该机械设备的金属结构体应做电气连接。

（4）施工现场内所有防雷装置的冲击接地电阻值不得大于 $30Ω$。

（5）做防雷接地机械上的电气设备，所连接的 PE 线必须同时做重复接地，同一台机械电气设备的重复接地和机械的防雷接地可共用接地体，但接地电阻应符合重复接地电阻值的要求。

甲方工作人员验收要点：施工现场内的起重机、井字架、龙门架等机械设备，以及钢脚手架和正在施工的在建工程等的金属结构，在相邻建筑物、构筑物等设施的防雷装置接闪器的保护范围以外时，应按表7-8规定装防雷装置。

表 7-8　　　　　　施工现场内机械设备及高架设施需安装防雷装置的规定

地区年平均雷暴日（d）	机械设备高度（m）
≤ 15	≥ 50
＞ 15，＜ 40	≥ 32
≥ 40，＜ 90	≥ 20
≥ 90 及雷害特别严重地区	≥ 12

五、配电室安全文明操作验收

（1）配电室（见图 7-42）应靠近电源，并应设在灰尘少、潮气少、振动小、无腐蚀介质、无易燃易爆物及道路畅通的地方。

验收细节：配电室的顶棚与地面的距离不低于 3m；配电装置的上端距顶棚不小于 0.5m。

验收细节：配电柜侧面的维护通道宽度不小于 1m。

验收细节：配电柜正面的操作通道宽度，单列布置或双列背对背布置不小于 1.5m，双列面对面布置不小于 2m。

图 7-42　施工现场配电室

（2）成列的配电柜和控制柜两端应与重复接地线及保护零线做电气连接。

（3）配电室和控制室应能自然通风，并应采取防止雨雪侵入和防止动物进入的措施。

（4）配电柜应装设电能表，并应装设电流表、电压表。电流表与计费电能表不得共用一组电流互感器。

甲方工作人员验收要点：配电柜应装设电源隔离开关及短路、过载、漏电保护器。电源隔离开关分断时应有明显可见分断点；配电室内的母线涂刷有色油漆，以标志相序；以柜正面方向为基准，其涂色符合表 7-9 规定。

表 7-9　　　　　　　　　　　　　　　母线涂色

相别	颜色	垂直排列	水平排列	引下排列
L1（A）	黄	上	后	左
L2（B）	绿	中	中	中
L3（C）	红	下	前	右
N	淡蓝	—	—	—

六、架空线路安全文明操作验收

架空线路敷设操作，如图 7-43 所示。

验收细节： 按机械强度要求，绝缘铜线截面不小于10mm²，绝缘铝线截面不小于16mm²；在跨越铁路、公路、河流、电力线路档距内，绝缘铜线截面不小于16mm²。绝缘铝线截面不小于25mm²。

图7-43　架空线路安装

甲方工作人员验收要点如下。

（1）架空线路横担间的最小垂直距离不得小于表7-10所列数值；横担宜采用角钢或方木、低压铁横担角钢应按表7-11选用，方木横担截面应按80mm×80mm选用；横担长度应按表7-12选用。

表7-10　　　　　　　　　　　　横担间的最小垂直距离　　　　　　　　　　　　　　　m

排列方式	直线杆	分支或转角杆
高压与低压	1.2	1.0
低压与低压	0.6	0.3

表7-11　　　　　　　　　　　　低压铁横担角钢选用

导线截面/mm²	直线杆	分支或转角杆	
		二线及三线	四线以上
16	∠50×5	2×∠50×5	2×∠63×5
25			
35			
50			
70	∠63×5	2×∠63×5	2×∠70×6
95			
120			

表7-12　　　　　　　　　　　　横担长度选用

横担长度/m		
二线	三线、四线	五线
0.7	1.5	1.8

（2）架空线路与邻近线路或固定物的距离应符合表7-13的规定。

表 7-13 架空线路与邻近线路或固定物的距离

项 目	距离类别					
最小净穿距离 /m	架空线路的过引线、接下线与邻线	架空线与架空线电杆外缘		架空线与摆动最大时树梢		
	0.13	0.05		0.50		
最小垂直距离 /m	架空线同杆架下方的通信、广播线路	架空线最大弧度与地面			架空线最大弧垂与暂设工程顶端	架空线与邻近电力线路交叉
		施工现场	机动车道路	铁路轨道		1kV 以下 / 1～10kV
	1.0	4.0	6.0	7.5	2.5	1.2 / 2.5
最小水平距离 /m	架空线电杆与路基边缘	架空线电杆与铁路轨道边缘		架空线边缘与建筑物凸出部分		
	1.0	杆高（m）+3.0		1.0		

七、室内配线安全文明操作验收

室内配线安全文明操作，如图 7-44 所示。

验收细节：所用配线要求：铜线截面不应小于 $1.5mm^2$，铝线截面不应小于 $2.5mm^2$。

图 7-44 室内配线施工

甲方工作人员验收要点如下。

（1）室内非埋地明敷主干线距地面高度不得小于 2.5m。

（2）架空进户线的室外端应采用绝缘子固定，过墙处应穿管保护，距地面高度不得小于 2.5m，并应采取防雨措施。

（3）钢索配线的吊架间距不宜大于 12m。采用瓷夹固定导线时，导线间距不应小于 35mm，瓷夹间距不应大于 800mm；采用瓷瓶固定导线时，导线间距不应小于 100mm，瓷瓶间距不应大于 1.5m；采用护套绝缘导线或电缆时，可直接敷设于钢索上。

八、配电箱及开关箱设置安全文明操作验收

（1）配电箱现场布置。配电箱现场布置如图 7-45 所示。

图 7-45　配电箱现场设置

验收细节：配电箱应设在用电设备或负荷相对集中的区域，配电箱与开关箱的距离不得超过 30m，开关箱与其控制的固定式用电设备的水平距离不宜超过 3m。

（2）开关箱布置。开关箱布置操作如图 7-46 所示。

图 7-46　施工现场开关箱

验收细节：配电箱、开关箱应装设端正、牢固。固定式配电箱、开关箱的中心点与地面的垂直距离应为 1.4～1.6m。移动式配电箱、开关箱应装设在竖固、稳定的支架上。其中心点与地面的垂直距离宜为 0.8～1.6m。

甲方工作人员验收要点：配电箱、开关箱应采用冷轧钢板或阻燃绝缘材料制作，钢板厚度应为 1.2～2.0mm，其中开关箱箱体钢板厚度不得小于 1.2mm，配电箱箱体网板厚度不得小于 1.5mm，箱体表面应做防腐处理。配电箱、开关箱的箱体尺寸应与箱内电器的数量和尺寸相适应，箱内电器安装板板面电器安装尺寸可按照表 7-14 确定。

表 7-14　　　　　　　　　　　　配电箱、开关箱内电器安装尺寸选择值

间距名称	最小净距 /mm
并列电器（含单极熔断器）间	30
电器进、出线瓷管（塑胶管）孔与电器边沿间	30（15A），50（20～30A），80（60A 以上）
上、下排电器进出线瓷管（塑胶管）孔之间	25
电器进、出线瓷管（塑胶管）孔至板边	40
电器至板边	40

第四节　高处作业安全施工验收

一、临边作业安全文明操作验收

（1）防护栏杆的种类及连接。防护栏杆的材质有：钢管（扣件）、钢筋（镀锌钢丝）、圆木（圆钉、镀锌钢丝）、毛竹（镀锌钢丝）等。括号中是连接材料。

1）钢管（见图 7-47）。我国施工现场普遍使用直径为 48mm 钢管，因此，钢管横杆及栏杆柱均采用 48mm×（2.75～3.5）mm 的管材，以扣件或电焊固定。

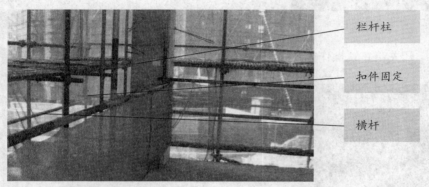

栏杆柱

扣件固定

横杆

图 7-47　采用钢管栏杆进行临边防护

2）毛竹。毛竹横杆小头有效直径不应小于 72mm，栏杆柱小头直径不应小于 80mm，并须用不小于 16 号的镀锌钢丝绑扎，不应少于 3 圈，并无泻滑。

3）原木横杆上杆梢径不应小于 70mm，下杆梢径不应小于 60mm，栏杆柱梢径不应小于 75mm。并须用相应长度的圆钉钉紧，或用不小于 12 号的镀锌钢丝绑扎，要求表面平顺且稳固无动摇。

4）钢筋横杆上杆直径不应小于 16mm，下杆直径不应小于 14mm，栏杆柱直径不应小于 18mm，采用电焊或镀锌钢丝绑扎固定。

（2）防护栏杆安全文明搭设。

1）防护栏杆应由上、下两道横杆及栏杆柱组成（见图 7-48），上杆离地高度为 1.0～1.2m，下杆离地高度为 0.5～0.6m。坡度大于 1：22 的屋面，防护栏杆应高 1.5m，并加挂安全立网。除经设计计算外，横杆长度大于 2m 时，必须加设栏杆柱。

2）栏杆柱的固定（见图 7-49）及其与横杆的连接，其整体构造应使防护栏杆在上杆任何处，能经受任何方向的 1000N 外力。当栏杆所处位置有发生人群拥挤、车辆冲击或物件碰撞等可能时，应加大横杆截面或加密柱距。

上杆离地高度为 1.0 ～ 1.2m

下杆离地高度为 0.5 ～ 0.6m

图 7-48　施工现场防护栏杆的组成

验收细节： 当在基坑四周固定时，可采用钢管并打入地面 50 ～ 70cm 深。钢管离边口的距离，不应小于 50cm。当基坑周边采用板桩时，钢管可打在板桩外侧。

图 7-49　防护栏杆柱的固定

甲方工作人员验收要点如下。

（1）防护栏杆必须自上而下用安全立网封闭，或在栏杆下边设置严密固定的高度不低于 18cm 的挡脚板或 40cm 的挡脚笆。挡脚板与挡脚笆上如有孔眼，不应大于 25mm。板与笆下边距离底面的空隙不应大于 10mm。

（2）当临边的外侧临街道时，除防护栏杆外，敞口立面必须采取满挂安全网或其他可靠措施作全封闭处理。

二、洞口作业安全文明操作验收

（1）板与墙洞口安全防护设置。

1）板与墙的洞口，必须根据具体情况（较小的洞口可临时砌死）设置牢固的盖板、钢筋防护网、防护栏杆与安全平网或其他防坠落的防护设施。

2）楼板面等处边长为 25 ～ 50cm 的洞口（见图 7-50）、安装预制构件时的洞口以及缺件临时形成的洞口，可用竹、木等作盖板，盖住洞口。

验收细节：盖板应能保持四周搁置均衡，并有固定其位置的措施。

图 7-50　楼面的洞口

3）钢筋防护网（见图 7-51）。边长为 50 ～ 150cm 的洞口，必须设置以扣件扣接钢管而成的网格，并在其上满铺竹笆或脚手板。

验收细节：边长在 150cm 以上的洞口，四周设防护栏杆，洞口下方设安全平网。

验收细节：也可采用贯穿于混凝土板内的钢筋构成防护网，钢筋网格间距不得大于 20cm。

图 7-51　洞口采用钢筋防护网防护

（2）电梯井口安全防护设置。电梯井各层门口必须设置防护栏杆或固定栅门；电梯井内应每隔两层，最多隔 10m 设一道安全平网（见图 7-52），平网内无杂物，网与井壁间隙不大于 10cm。当防护高度超过一个标准层时，不可采用脚手板等硬质材料做水平防护。防护栏杆和固定栅门应整齐、固定需牢固，应采用工具式、定型化防护设施，装拆方便，便于周转和使用。

验收细节：每隔两层，最多隔 10m 设一道安全平网，平网内无杂物，网与井壁间隙不大于 10cm。

图 7-52　安全平网设置

（3）通道口安全防护设置。结构施工自二层起，在建工程地面出入口处的通道口（包括物料提升机、施工用电梯的进出通道口）、施工现场在施工人员流动密集的通道上方，应搭设防护棚（见图 7-53）。防止因落物而产生的物体砸伤事故。出入口处的防护棚宽度应大于出入口，长度应根据建筑物的高度而设置，符合坠落半径的尺寸要求。

验收细节：防护棚顶部材料可采用 5cm 厚木板或相当于厚木板强度的其他材料，材料强度须能承受 10kPa 的均布静荷载；防护棚上部严禁堆放材料，如果因场地狭小，防护棚兼作物料堆放架时，则应经计算确定，按设计图样进行验收。

图 7-53 通道口防护棚搭设

甲方工作人员验收要点如下。

（1）暂不通行的楼梯口、通道口和暂不用的电梯井口，均应临时进行封闭，封闭要牢固严密。

（2）楼梯口、通道口、电梯井口和坑、井处要有醒目的警示标识，夜间要设红灯来示警。

（3）洞口防护栏杆的杆件及其搭设与临边作业防护栏杆的搭设相同，具体搭设见临边作业防护栏杆的设置；防护栏杆的力学计算与临边防护栏杆的力学计算应相同，具体见临边作业的安全防护设施中的临边防护栏杆的力学计算。

三、悬空作业安全文明操作验收

（1）悬空安装大模板。悬空安装大模板操作如图 7-54 所示。

验收细节：悬空安装大模板、吊装第一块预制构件、吊装单独的大中型预制构件时，必须站在操作平台上操作。吊装中的大模板和预制构件以及石棉水泥板等屋面板上，严禁站人和行走。

图 7-54 悬空安装大模板

（2）悬空绑扎钢筋。悬空绑扎钢筋操作如图 7-55 所示。

验收细节：

（1）绑扎钢筋和安装钢筋骨架时，必须搭设脚手架和马道。

（2）绑扎圈梁、挑梁、挑檐、外墙和边柱等钢筋时，应搭设操作台架和张挂安全网。悬空大梁钢筋的绑扎，必须在满铺脚手板的支架或操作平台上操作。

（3）绑扎立柱和墙体钢筋时，不得站在钢筋骨架上或攀登骨架上下。

图 7-55　悬空绑扎立柱钢筋

甲方工作人员验收要点如下。

（1）浇筑离地 2m 以上框架、过梁、雨篷和小平台时，应设操作平台，不得直接站在模板或支撑件上操作。

（2）浇筑拱形结构，应自两边拱脚对称地相向进行。浇筑储仓时，下口应先行封闭，并搭设脚手架以防人员坠落。

（3）安装门、窗，油漆及安装玻璃时，严禁操作人员站在樘子、阳台栏板上操作。门、窗临时固定，封填材料未达到强度，以及电焊时，严禁手拉门、窗进行攀登。

四、操作平台操作

（1）操作平台安装。操作平台安装操作如图 7-56 所示。

验收细节：操作平台的面积不应超过 $10m^2$，高度不应超过 5m。还应进行稳定验算，并采取措施减少立柱的长细比。

图 7-56　移动式操作平台

甲方工作人员验收要点：操作平台可采用 ϕ（48～51）×3.5mm 钢管以扣件连接，亦可采用门架式或承插式钢管脚手架部件，按产品使用要求进行组装。平台的次梁，间距不应大于 40cm；台面应满铺 3cm 厚的木板或竹笆；操作平台四周必须按临边作业要求设置防护栏杆，并应布置登高扶梯。

（2）悬挑钢平台安装。悬挑钢平台安装操作如图 7-57 所示。

验收细节：悬挑式钢平台的搁支点与上部拉结点，必须位于建筑物上，不得设置在脚手架等施工设备上。

验收细节：应设置 4 个经过验算的吊环。吊运平台时应使用卡环，不得使吊钩直接钩挂吊环。吊环应用甲类 3 号沸腾钢制作。

图 7-57 悬挑钢平台

甲方工作人员验收要点如下。

（1）钢平台使用时，应由专人进行检查，发现钢丝绳有锈蚀损坏应及时调换，焊缝脱焊应及时修复。

（2）操作平台上应显著地标明容许荷载值。操作平台上人员和物料的总重量，严禁超过设计的容许荷载。应配备专人加以监督。

（3）钢平台应制成定型化、工具化的结构，无论采用钢丝绳吊拉还是型钢支撑式，都应能简单合理地与建筑结构连接。悬挑式钢平台的安装与拆卸应简单、方便。

第八章　全体系施工管理

第一节　建设项目规划管理

一、建设项目分阶段报批报建的工作内容要点

1. 取得土地使用权

土地使用权是指国家机关、企事业单位、农民集体和公民个人，以及三资企业，凡具备法定条件者，依照法定程序或依约定对国有土地或农民集体土地所享有的占有、利用、收益和有限处分的权利。土地使用权是外延比较大的概念，这里的土地包括农用地、建设用地和未利用地。

土地使用权的获取根据土地性质不同获取的方式也有不同，现在房地产开发商获得土地使用权主要有以下方法：

方法一，招投标、挂牌和拍卖交易取得土地使用权。

方法二，旧村改造取得土地使用权。

方法三，股权转让取得土地使用权。

2. 土地使用权初始登记

土地使用权初始登记是以出让或划拨方式取得土地使用权的权利人，持有关证件（如土地权属证明、有资质的测量机构出具的实地测绘结果报告书）向县级以上人民政府土地管理部门申请的土地使用权属登记。

3. 用地红线放点

用地红线指各类建筑工程项目用地的使用权属范围的边界线，与建筑红线相比，用地红线词义明显宽泛，其是指只要是在所属用地红线内的施工，都不受外界的影响（噪声、粉尘方面的污染除外）。用地红线放点要根据已通过审核的用地红线图来放点。

4. 用地界测量放点

用地界线指某一建设项目的全部用地范围，包括以下三种情况：①当其用地一侧或几侧临城市道路时其用地界限一般为道路红线；②当其用地一侧或几侧为河流、高压走廊或

各类隔离带时其用地界线为规划河岸线或规划各类防护、隔离带的用地界线；③当其用地一侧或几侧为其他建设项目时其用地界线为其与周围建设项目的分界线。用地界线的作用在于严格控制各建设项目的建设用地范围，放点后制作《建设用地地界放点测量报告》和宗地（籍）图。

5. 环保评审

"环评"是政府要求的，各项目须完成环评报告并上报至环保局。环评通过环保局审核后会在网上公示，最后再组织专家评审，评审通过后项目才能开始建设。

环评报告即环境影响评价报告，是对新建、扩建、改建项目生产过程中污染发生情况、治理措施是否可行，生产过程和产品是否符合清洁生产要求，以及最终排放的污染物对周围环境的影响进行评价。环评报告对企业很重要，环评通过环保局评审、批复后，后续日常生产、环保管理中还要用到。没有环评也无法进行环保竣工验收。

6.《固定资产投资许可证》及计划立项审批

立项审批是政府有关部门对需要管理监督的项目进行审批的制度和程序。开发项目立项，是房地产项目开发的第一步，即取得的政府主管部门（省市发展和改革委员会，简称"发改委"）对项目的批准文件。

项目投资计划下达，并已办理建设工程规划许可证、建筑工程施工许可证（特殊行业项目可提供行业主管部门颁发的开工许可证）后，可申请办理《固定资产投资许可证》，《固定资产投资许可证》可以进行固定资产构建。

7.《建设用地规划许可证》办理

确保土地利用符合城市规划，维护建设单位按照城市规划使用土地的合法权益。按照有关规定，房地产商取得建设用地的批准文件，但如未取得《建设用地规划许可证》而占用土地的，其建设用地批准文件无效。

8.《国有土地使用证》办理

《国有土地使用证》是非常重要的物权，不按合同办理《国有土地使用证》就是开发商违约和对业主"权利"的侵犯。《国有土地使用证》不仅是住宅不动产物权组成部分，而且具有更重要的作用。

二、设计阶段

1. 方案设计

方案设计（概念设计）是投资决策之后，由咨询单位对可行性研究提出意见和问题，经与业主协商认可后提出的具体开展建设的设计文件，其深度应当满足编制初步设计文件和控制概算的需要。

2. 设计扩初

初步设计（基础设计）的内容依项目类型不同而有所不同，一般来说，它是项目的宏观设计，包括项目的总体设计、布局设计、主要工艺流程、设备选型和安装设计、土建工程量及费用的估算等。

初步设计文件应当满足编制施工招标文件、主要设备材料订货和编制施工图设计文件的需要，是下一阶段施工图设计的基础。

3. 桩基提前开工规划报批

桩基提前开工规划报批递交的资料文件有桩基施工图、总平面图、电子数据和施工图审查报告等，审批获得《建设工程桩基基础报建证明书》。

4. 施工图设计

施工图设计是工程设计的一个阶段。

这一阶段主要通过图纸把设计者的意图和全部设计结果表达出来。施工图作为施工制作的依据，是设计和施工工作的桥梁。对于工业项目来说包括建设项目各分部工程的详图和零部件，结构件明细表，以及验收标准方法等。施工图设计文件，还要能够满足设备材料采购，非标准设备制作和施工的需要。

民用工程的施工图设计应形成所有专业的设计图纸：含图纸目录，说明和必要的设备、材料表，并按照要求编制工程预算书。

三、施工准备阶段

1. 临时施工用地申请

临时用地申请是指工程建设施工和进行地质勘查需要临时使用，而在施工或者勘查完毕后不再使用的国有或者集体所有土地。

2. 临时建筑报建

临时建筑是指必须限期拆除，结构简易，临时性的建筑物、构筑物和其他设施，临时建筑建设前也须经规划和建设等部门批准，但在批准书上都应当规定使用期限。临时建筑的报建应进行以下方面工作，具体内容见表8-1。

表 8-1　　　　　　　　　　　　　　临时建筑报建的要点

报批报建内容	提交材料或审查内容	审批合格获得证件
临建方案规划报建	《临时用地合同书》和方案设计图	《临时建设工程设计方案审批意见书》
临建方案消防报建	方案设计图	《方案审批意见书》
临建施工图消防报建	施工图和规划局关于消防的方案批复	《方案图审批意见书》
临建施工图规划报建	《临时用地合同书》、建筑施工图和施工图消防审批意见	《临时建设工程规划许可证》
临建消防验收	满足 GB 50720—2011 的建设工程施工现场消防安全技术规范	—
临建规划验收	临建设施的施工图是否符合规定; 需要进行原材料检验检测的是否有合格的检验检测报告; 装配式临建房屋的柱子、梁等承重构件及螺栓和柱脚等固定连接点的质量是否符合要求; 搭建装拼质量是否符合施工图及相关标准、规范的要求; 临建设施的搭设位置是否符合安全使用要求	—

3. 临时市政路口及管线接口审批

临时市政路口及管线接口审批即对开发地区与市政管线的临时接驳进行审批。审批程序是:①申请人到市规划局或各分局行政服务窗口递交申请材料;②审批;③市规划局同意的,核发《建设项目临时市政接口工程审批意见书》,取得临时市政管线接口审批后方可到水务、电力、电信、燃气、交警、城管等部门申请管线接口施工;④取得临时建设工程路口开设审批后到交警、城管、交通部门申请开设路口施工。

四、施工阶段

1. 该阶段的《施工许可证》办理

《施工许可证》办理的报批报建工作及提交的材料、审查内容见表 8-2。

表 8-2　　　　　　　　　办理施工阶段《施工许可证》的要点

施工许可证报批报建内容	提交材料或审查内容	审批合格获取的证件
地下管线查询	带红线坐标点的建筑总平面图及电子文件	地下管线查询成果图
《施工许可证》办理	《建筑工程规划许可证》或《桩基础报建证明书》、企业资质证明、项目报建、中标通知、招投标备案、甲乙方人工工资担保金、审图报告、绿化工程规划许可证、施工组织设计、施工单位安全生产许可证明材料、项目经理资质证书及安全考核证、安全施工措施费支付计划等	《建筑工程施工许可证》

续表

施工许可证报批报建内容	提交材料或审查内容	审批合格获取的证件
《市政工程施工许可证》办理	按工程标段填写的建筑工程施工许可证申请表；立项批文；土地使用证明或用地批准书；建设工程规划许可证；建设项目平面规划图、施工图设计文件审查合格书或市政公用工程建设方案会审报审表；项目发包方案；中标通知书、招标投标备案表或直接发包批准书；建设工程施工合同；建设工程监理合同；建设工程质量、安全监叔通知书；资金证明；农民工工资保障金缴纳入证明；建设单位营业执照及组织机构代码证；建设单位授委托书等	《建筑工程施工许可证》
《绿化工程施工许可证》办理	《绿化规划许可证》	《建筑工程施工许可证》

2. 施工控制点放点

此报批工作需提交《施工单位桩点图》，审批合格获得施工控制点放点报告。

3. 开工验线

规划建设项目开工前应向开发区测量队委托验线测量，取得验线表后，到建设发展局申请办理《开工验线规划合格证》，未经开工验线不得施工。开工验线包括建筑物验线、管线验线和道路验线。

4. 永久性市政路口及管线接口审批

永久性市政路口及管线接口审批即对市政管线接驳进行审批，工作包括市政路口接口审批、正式用水报装、正式用电报批和燃气接口报批，其报批提交的材料和审批合格获取证件见表 8-3。

表 8-3 永久性市政路口及管线接口审批的要点

报批报建内容	提交材料或审查内容	审批合格获得的证书
市政路口接口审批	（规划局报批）路口接口平面图、地下管线保护设计图、电子数据	《准予行政许可决定书》
	（交管局报批）路口平面图、规划批文、城管批文	同意复函、城管批文
	《挖掘城市道路许可证》《树木砍伐、移植许可证》	同意路灯迁移、管线加固及泛光照明施工的复函
正式用水报装	室外管线总图蓝图、电子数据、排水许可证	同意复函
正式用电报批	室外管线总图蓝图、电子数据	审图意见书
燃气接口报批	燃气接驳点确认、燃气接驳点确认书、室外管线总图蓝图、电子数据	同意复函

第二节　建设项目质量管理

一、建筑工程质量验收主要依据

建筑工程施工质量的好坏不仅关系到整体建筑物的质量及其安全，还涉及国家、集体和公民的切身利益、所以要严控建筑工程的质量。建筑工程质量把控过程中，过程控制是一个重要的环节、只有在这个环节中把控好才能保证后期的建筑物整体质量；然而在质量控制的同时还要求我们懂得运用建筑工程施工质量验收的依据，这样才能对施工质量更好、更合理的验收。

工程施工质量验收主要是依据国家有关工程建设的法律、法规、标准规范及相关文件进行验收，我国现行建筑工程领域中施工质量验收的主要依据是《建筑工程施工质量验收统一标准》（GB 50300—2013）及相关质量验收规范。

（1）建筑工程施工质量验收常用规范。建筑工程施工质量验收常用规范见表8-4。

表 8-4　　　　　　　　　　　建筑工程施工质量验收常用规范

名　　称	内　　容
主体工程施工常用验收规范	建筑地基基础工程施工质量验收规范（GB 50202—2002）
	混凝土结构工程施工质量验收规范（GB 50204—2015）
	砌体工程施工质量验收规范（GB 50203—2011）
	屋面工程施工质量验收规范（GB 50207—2012）
	地下防水工程施工质量验收规范（GB 50208—2012）
	建筑地面工程施工质量验收规范（GB 50209—2010）
	钢结构工程施工质量验收规范（GB 50755—2012）
	建筑装饰装修工程施工质量验收规范（GB 50210—2013）
安装工程施工常用验收规范	建筑给水排水及采暖工程施工质量验收规范（GB 50242—2002）
	通风与空调工程施工质量验收规范（GB 50243—2002）
	建筑电气工程施工质量验收规范（GB 50303—2015）
	电梯工程施工质量验收规范（GB 50310—2002）

（2）建筑工程质量验收其他验收依据还包括以下内容。

1）国家现行的勘察、设计、施工等技术标准和规范，其中包括国家标准（GB）、行业标准（JGJ）、地方标准（DB）等。

2）工程相关资料。包括施工图设计文件、施工图纸；图纸会审记录、设计变更资料；相关测量说明和记录、工程施工记录、工程事故记录等；施工与设备质量检查与验收记录等资料。

3）建设单位与参建各单位所签订的合同。

4）与工程有关的其他规定和文件。

二、建筑工程质量验收常用方法

建筑工程施工质量验收常常涉及两个方面：一是审查相关的技术文件、资料和报告等内容；二是通过对工程实体进行质量检查。

1. 审查相关的技术文件、资料和报告

在建筑工程施工过程中，建设单位、监理单位、质量监督机构的相关人员都会对工程施工过程中涉及的材料、节点部位施工等进行质量检查与验收。一般都是检查各个层次提供的技术文件、资料和报告等内容，例如检查钢筋的厂家资质、钢筋质量检查报告、检验批验收记录等，首先对建筑施工所用材料进行检验、其次对施工细节进行检验，这样才能够更好地保证质量安全。

2. 工程实体的质量检查

建筑工程施工现场中所用的原材料、半成品、工序过程和工程产品质量验收的方法一般有以下几种。

（1）目测法。目测法主要凭借感官进行检查与验收，其中的具体操作细节见表 8-5。

表 8-5　　　　　　　　　　　　　　目测法操作细节的主要内容

操作方法	主要内容	检查方向
看	根据质量标准要求进行外观检查	工人的操作是否正常，混凝土振捣是否符合要求，混凝土成型是否符合要求等
摸	通过手感触摸进行检查、鉴别	油漆、涂料的光滑度是否达标，浆活是否牢固、不掉粉，墙面、地面有无起砂现象，均可以通过手摸的方式鉴别
敲	运用敲击的方法进行音感检查	对拼镶木地板、墙面抹灰、墙面瓷砖、地砖铺贴等的质量均可以通过敲击的方法，根据声音的虚实、脆闷判断有无空鼓等质量问题
照	通过人工光源或反射光照射，检查难以看清的部位	可以用照的方法检查墙面和顶棚涂饰的平整度

（2）实测法。实测法主要利用测量工具或计量仪表，通过实际测量的结果和规定的质量标准或规范的要求相对照判断质量是否符合要求，其中的具体操作细节见表8-6。

表8-6　　　　　　　　　　　　　实测法操作细节的主要内容

操作方法	主要内容	检查方向
靠	用直尺和塞尺配合检查	地面、墙面、屋面平整度的质量检查与验收
吊	用拖线板线锤检查垂直度	墙面、窗框的垂直度检验与验收
量	用量测工具或计量仪表检查构件的断面尺寸、轴线、标高、温度、湿度等数值并确定其数值与标准规定的偏差	用卷尺量测构件的尺寸，检测大体积混凝土在浇筑完成后一定时间的温度、用经纬仪复合轴线的偏差等检查与验收
套	用方尺套方以塞尺辅助	阴阳角的方正、预制构件的方正质量检查与验收

（3）试验法。试验法指通过进行现场试验或试验室试验等理化试验手段，取得数据，分析判断质量情况，具体内容见表8-7。

表8-7　　　　　　　　　　　　　　试验法的主要内容

名　称	内　容
理化试验	工程中常用的理化试验包括物理力学性能方面的试验和化学成分含量的测定等两个方面。力学性能的检验包括材料的抗拉强度、抗压强度、抗弯强度、抗折强度、冲击韧性、硬度、承载力等的测定。各种物理性能方面的测定如材料的密度、含水量、凝结时间、安定性、抗渗、耐磨、耐热等。各种化学方面的试验如化学成分及其含量的测定等
无损检测或检验	借助仪器、仪表等手段探测结构物或材料、设备内部组织结构或损伤状态。例如借助混凝土回弹仪现场检查混凝土的强度等级，借助钢筋扫描仪检查钢筋混凝土构件中钢筋放置的位置是否正确，借助超声波探伤仪检查焊件的焊接质量等

三、质量验收常用术语

建筑工程质量验收的常用术语如下。

（1）验收：建筑工程在施工单位自行质量检查评定的基础上，参与建设活动的有关单位共同对检验批、分项、分部、单位工程的质量进行抽样复验，根据相关标准以书面形式对工程质量达到合格与否做出确认。

（2）进场验收：对进入施工现场的材料、构配件、设备等按相关标准规定要求进行检验，对产品达到合格与否做出确认。

（3）检验批：按同一生产条件或按规定的方式汇总起来供检验用的，由一定数量样本组成的检验体。检验批是施工质量控制的最小单位，是分项工程乃至整个建筑工程质量验收的基础。

（4）检验：对检验项目中的性能进行量测、检查、试验等，并将结果与标准规定要求进行比较，以确定每项性能是否合格所进行的活动。

（5）见证取样检测：在监理单位或建设单位监督下，由施工单位有关人员现场取样，并送至具备相应资质的检测单位所进行的检测。

（6）交接检验：由施工的承接方与完成方经双方检查并对可否继续施工做出确认的活动。

（7）主控项目：建筑工程中的对安全、卫生、环境保护和公众利益起决定性作用的检验项目。

（8）一般项目：除主控项目以外的检验项目。

（9）抽样检验：按照规定的抽样方案，随机地从进场的材料、构配件、设备或建筑工程检验项目中，按检验批抽取一定数量的样本所进行的检验。

（10）抽样方案：根据检验项目的特征确定的抽样数量和方法。

（11）计数检验：在抽样的样本中，记录每一个体有某种属性或计算每一个体中的缺陷数目的检查方法。

（12）计量检验：在抽样检验的样本中，对每一个体测量其某个定量特征的检查方法。

（13）观感质量：通过观察和必要的测量所反映的工程外在质量。

（14）返修：对工程不符合标准规定的部位采取整修等措施。

（15）返工：对不合格的过程部位采取的重新制作、重新施工等措施。

四、质量验收基本规定

（1）施工现场应具有健全的质量管理体系、相应的施工技术标准、施工质量检验制度和综合施工质量水平评定考核制度。

（2）未实行监理的建筑工程，建设单位相关人员应履行其涉及的监理职责。

（3）建筑工程的施工质量控制应符合下列要求规定。

1）建筑工程采用的主要材料、半成品、成品、建筑构配件、器具和设备应进行进场检验。凡涉及安全、节能、环境保护和主要使用功能的重要材料、产品，应按各专业工程施工规范、验收规范和设计文件等规定进行复验，并应经监理工程师检查认可。

2）各施工工序应按施工基础标准进行质量控制，每道施工工序完成后，经施工单位自检符合规定后，才能进行下道工序施工。各专业工种之间的相关工序应进行交接检验、并记录。

3）对于监理单位提出检查要求的重要工序，应经监理工程师检查认可，才能进行下道工序施工。

4）符合下列条件之一时，可按相关专业验收规范的规定适当调整抽样复验、试验数量，调整后的抽样复验、试验方案应由施工单位编制，并报监理单位审核确认：①同一项目中由相同施工单位施工的多个单位工程，使用同一生产厂家的同品种、同规格、同批次的材料、构配件、设备；②同一施工单位在现场加工的成品、半成品、构配件用于同一项目中的多个单位工程；③同一项目中，针对同一抽样对象已有检验成果可以重复利用。

5）当专业验收规范对工程的验收项目未做出相应规定时，应由建设单位组织监理、设计、施工等相关单位制定专项验收要求。涉及安全、节能、环境保护等项目的专项验收要求应由建设单位组织专家论证。

6）建筑工程施工质量应按下列要求进行验收：①工程质量验收均应在施工单位自检合格的基础上进行；②参加工程施工质量验收的各方人员应具备相应的资格；③检验批的质量应按主控项目和一般项目验收；④对涉及结构安全、节能、环境保护和主要使用功能的试块、试件及材料，应在进场时或施工中按规定进行见证检验；⑤隐蔽工程在隐蔽前应由施工单位通知监理单位进行验收，并应形成验收文件，验收合格后方可继续施工；⑥对涉及结构安全、节能、环境保护和施工功能的重要部分工程应在验收前按规定进行抽样检验。

7）检验批抽样样本应随机抽取，满足分布均匀、具有代表性的要求，抽样数量不应低于有关验收规范及表8-8的规定；明显不合格的个体可不纳入检验批，但必须进行处理，使其满足有关验收规范的规定，对处理情况应予以记录并重新验收。

表 8-8　　　　　　　　　　　　　检验批最小抽样数量

检验批的容量	最小抽样数量	检验批的容量	最小抽样数量
2～15	2	151～280	13
16～25	3	281～500	20
26～50	5	501～1200	32
51～90	6	1201～3200	50
91～150	8	3201～10000	80

五、检验批及分析工程质量验收的主要程序

《建筑工程施工质量验收统一标准》（GB 50300—2013）中规定：检验批及分项工程应由监理工程师（建设单位项目技术负责人）组织施工单位项目专业质量（技术）负责人等进行验收。

（1）检验批工程由专业监理工程师组织项目专业质量检验员等进行验收；分项工程由专业监理工程师组织项目专业技术负责人等进行验收。

（2）检验批和分项工程是建筑工程质量的基础。因此，所有检验批和分项工程均应由监理工程师或建设单位项目技术负责人组织验收。验收前，施工单位先填好"检验批和分项工程的质量验收记录"，并由相应专业质量检验员和项目专业技术负责人分别在检验

批和分项工程质量检验记录中相关栏目签字，然后由监理工程师组织，严格按规定程序进行验收。

（3）分项工程施工过程中，还应对关键部位随时进行抽查。所有分项工程施工，施工单位应在自检合格后，填写分项工程报检申请表，并附上分项工程评定表。属隐蔽工程的，还应将隐检单报监理单位，监理工程师必须组织施工单位的工程项目负责人和有关人员对每道工序进行检查验收，给合格者签发分项工程验收单。

六、分部工程质量验收的主要程序

《建筑工程施工质量验收统一标准》（GB 50300—2013）中规定：分部工程应由总监理工程师（建设单位项目负责人）组织施工单位项目负责人和技术、质量负责人等进行验收；地基与基础、主体结构分部工程的勘察、设计单位工程项目负责人和施工单位技术、质量部门负责人也应参加相关分部工程验收。

（1）工程监理实行总监理工程师负责制，因此分部工程应由总监理工程师（建设单位项目负责人）组织施工单位的项目负责人和项目技术、质量负责人及有关人员进行验收。因为地基基础、主体结构的主要技术资料和质量问题归技术部门和质量部门掌握，所以要求施工单位的技术、质量负责人也要参加验收。另外，由于地基基础、主体结构技术性能要求严格，技术性强，关系到整个工程的安全，因此规定这些分部工程的勘察、设计单位工程项目负责人也应参加相关分部的工程质量验收。

（2）建筑工程主要分部工程质量验收程序如下。

1）总监理工程师或建设单位项目负责人组织验收,准备过程资料审查意见及验收方案、确定参见工程验收人员。

2）监理、勘察、设计、施工单位分别汇报合同履约情况和主要分部各个环节法律、法规以及工程建设标准点额执行情况；施工单位汇报内容中还应包括工程质量监督结构责令整改问题的完成情况。

3）验收人员审查监理、勘察、设计和施工单位的工程相关质量，并实地检查工程质量。

4）验收人员对主要分部工程的勘察、设计、施工质量和各管理环节等方面做出评价，并分别阐明各自的验收观点或结论。当验收意见统一一致时，分别在相应的分部工程质量验收记录上签字。

5）当参加验收各方对工程质量验收意见不一致时，应当协商提出解决方法，也可请建设行政主管部门等机构进行协调。

6）验收结束后，监理或建设单位应在主要分部工程验收合格后 15 天内，将相关分部工程质量验收记录报送工程质量监督机构，并取得工程质量机构签发的相应工程质量验收监督记录；主要分部工程未经验收或验收不合格的，不得进行下道工序施工。

七、单位工程质量验收的主要程序

（1）单位工程完工后，施工单位应自行组织有关人员进行检查评定，并向建设单位提交工程验收报告。

（2）当单位工程达到竣工验收条件后，施工单位应在自查、自评工作完成后，填写工程竣工报验单，并将全部竣工资料报送项目监理机构，申请竣工验收。总监理工程师应组织各专业监理工程师对竣工资料及各专业工程的质量情况进行全面检查，对检查出的问题，应督促施工单位及时整改。对需要进行功能试验的项目（包括单机试车和无负荷试车），监理工程师应督促施工单位及时进行试验，并对重要项目进行监督、检查，必要时请建设单位和设计单位参加；监理工程师应认真审查试验报告单并督促施工单位搞好成品保护和现场清理。

经项目监理机构对竣工资料及实物全面检查、验收合格后，由总监理工程师签署工程竣工报验单，并向建设单位提出质量评估报告。

八、质量验收备案程序

凡在中华人民共和国境内新建、扩建、改建各类房屋建筑工程和市政基础设施的竣工验收，均应进行备案；竣工备案需要准备的资料有竣工验收报告和相关文件等。

（1）工程竣工验收报告主要包括：建设单位执行基本建设程序情况，对工程勘察、设计、施工、监理等方面的评价，工程竣工验收时间、程序、内容和组织形式，工程竣工验收意见等内容。

（2）工程竣工验收报告中应包含基本的文件如下：①施工许可证；②施工图设计文件审查意见；③验收组人员签署的工程竣工验收意见表；④施工单位签署的工程质量保修书；⑤法规、规章规定的其他相关文件；⑥工程质量评估报告、工程质量检查报告、公安消防、环保等部门出具的有关文件。

第三节 建设项目安全管理

一、现场调度

1. 现场施工调度的任务

现场施工调度的任务主要内容如下。

（1）监督、检查计划和工程合同的执行情况，掌握和控制施工进度，及时进行人力、物力平衡，调配人力，督促物资、设备的供应，促进施工的正常进行。

（2）及时解决施工现场出现的矛盾，协调各单位及各部门之间的协作配合。

（3）监督工程质量和安全施工。

（4）检查后续工序的准备情况，布置工序之间的交接。

（5）定期组织施工现场调度会，落实调度会的决定。

2. 现场施工调度的要求

现场施工调度要求的主要内容如下。

（1）调度工作的依据要正确，这些依据有施工过程中检查和发现的问题，计划文件、设计文件、施工组织设计、有关技术组织措施、上级的指示文件等。

（2）调度工作要做到"三性"，即及时性（指反映情况及时、调度处理及时）、准确性（指依据准确、了解情况准确、分析问题原因准确、处理问题的措施准确）、预防性（对工程中可能出现的问题，在调度上要提出防范措施和对策）。

（3）采用科学的调度方法，即逐步采用新的现代调度方法和手段，广泛应用电子计算机技术。

（4）为了加强施工的统一指挥，必须给调度部门和调度人员应有的权力。

（5）调度部门无权改变施工作业计划的内容，但在遇到特殊情况无法执行原计划时，可通过一定的批准手续，经技术部门同意，按下列原则进行调度：①一般工程服从于重点工程和竣工工程；②交用期限迟的工程，服从于交用期限早的工程；③小型或结构简单的工程，服从于大型或结构复杂的工程。

二、现场平面管理

现场平面管理各方面的工作要点如下。

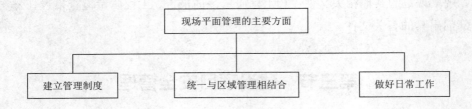

（1）建立管理制度。以施工总平面规划为依据，进行经常性的管理工作，若有总包，则应根据工程进度情况，由总包单位负责施工总平面图的调整、补充和修改工作，以满足各分包单位不同时间的需要。进入现场的各单位应尊重总包单位的意见，服从总包单位的指挥。

（2）统一与区域管理相结合。在施工现场施工总平面管理部门统一领导下，划分各专业施工单位或单位工程区域管理范围，确定各个区域内部有关道路、动力管线、排水沟渠及其他临时工程的维修养护责任。

（3）做好日常工作。做好现场平面管理的日常性工作，如：审批各单位需用场地的申请，根据不同时间和不同需要，结合实际情况，合理调整场地；做好土石方的平衡工作，规定各单位取弃土石方的地点、数量和运输路线；审批各单位在规定期限内，对清除障碍物、挖掘道路、断绝交通、断绝水电动力线路等的申请报告；对运输大批材料的车辆，做出妥善安排，避免拥挤堵塞交通；大型施工现场在施工管理部门内应设专职组负责平面管理工作，一般现场也应指派专人负责此项工作。

三、施工现场场容管理

施工现场常用管理各个方面的主要内容如下。

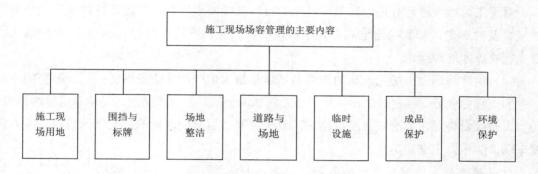

（1）施工现场用地。施工现场用地应以城市规划管理部门批准的工程建设用地的范围为准，也就是通常所说的建筑红线以内。如果建筑红线以内场地过于狭小，无法满足施工需要，需在批准的范围以外临时占地时，应会同建设单位按规定分别向规划、公安交通管理部门另行报批。一经批准，应在批准的时间期限和占地范围内使用，不得超时间、超面积占用。

经验指导：如果临时占地范围内有绿地、树木，应采取妥善措施加以保护，必要时应与园林绿化部门取得联系；如果临时占地范围内有铺装步道或其他正式路面的，应与当地市政管理部门联系；因施工需要临时停水、停电和断路，必须申报主管部门批准；因停水、停电、断路，影响附近单位、居民正常工作、生活的，要事先通告受影响单位和所在地居民委员会，在断路的周围要设置明显的标志；因施工或断路影响垃圾、粪便清运的，要事先报告当地市容环境卫生管理部门，并采取妥善措施后再行施工。

（2）围挡与标牌。原则上所有施工现场均应设围挡，禁止行人穿行及无关人员进入。根据工程性质和所在地区的不同情况，可采用不同标准的围挡措施，但均应封闭严密、完整、牢固、美观，上口要平，外立面要直，高度不得低于 1.8m。

施工现场必须设置明显的标牌，标明工程项目名称、建设单位、设计单位、施工单位、项目经理和施工现场总代表人的姓名、开工和竣工日期、施工许可证批准文号等。

施工现场大门内还应有施工总平面布置图、消防平面布置图，以及安全生产管理制度板、消防保卫管理制度板、场容卫生环保制度板。平面图要布置合理并与现场实际相符；制度板要求内容详细，字迹工整、规范、清晰。

（3）场地整洁。施工现场要加强管理、文明施工。整个施工现场和门前及围墙附近应保持整洁，不得有垃圾、废弃物及痰迹。工人操作工作面上要做到活完、料净、脚下清。

施工中产生的垃圾废料要及时清除。砂浆、混凝土在搅拌、运输、使用过程中要做到不洒、不漏、不剩、不倒。洒漏的要及时清理，避免剔凿。砂浆、混凝土倒运时，应用容器或铺垫板。浇筑混凝土时，应采取防洒落措施。对已产生的施工垃圾要及时清理集中，及时运出。

对施工垃圾应进行分拣，回收可利用的材料及废旧金属等。经过分拣以后不能利用的垃圾要及时运走，卸到指定地点，其中单块的长、宽、高均不得超过 30cm。超标的大块要先行破碎才准卸倒。

（4）道路与场地。施工现场的道路与场地是施工生产的基本条件之一。一般基础及地下室的工程完成后，应进行二次场地平整，包括沟槽回填、余土清运、场地和道路的修整，经检查验收合格后，方准进入结构施工。位于主要街道两侧现场的主要出入口应设专人指挥车辆，防止发生交通事故。

对道路的基本要求是现场应有循环道路，并做到平整、坚实、畅通，为了保证任何时候都能通过消防车辆，道路上不准堆放物料，宽度不得小于 3.5m。现场道路可用焦渣、砂石做路面。道路应起拱，有排水措施。

经验指导：对场地的基本要求是平整坚实，有排水措施，不得有坑洼积水。场地内应清洁，无杂草、石头、砖头、烂纸、木屑等杂物。

（5）临时设施。现场的临时设施应根据施工组织设计进行搭设。各种临时设施均应做到安全、实用、整齐。不得采用荆笆、苇席做外墙。现场临时设施尽量采用不易燃材料支搭。由于条件限制需在现场搭建易燃设施时，应符合消防部门的有关规定。卷扬机棚应保证视线良好；搅拌机棚前后台应整洁，前台有排水措施，在冬季施工期间应封闭严密；各种库房应防雨、防潮，门窗加锁；办公室、更衣室应门窗整齐，不得有墙皮脱离，破烂不齐现象。

施工现场的临设工程是直接为工程施工服务的设施，不得改变用途和移作他用（如家属住宿、开办商业、服务业网点或转租转售给其他单位和个人）。施工现场的各种临设工程应根据工程进展逐步拆除；遇有市政工程或其他正式工程施工时，必须及时拆除；全部工程竣工交付使用后，即将其拆除干净，最迟不得超过一个半月。

（6）成品保护。施工现场应有严格的成品保护措施和制度。凡成型后不再抹灰的预制楼梯板在安装以后即应采取护角措施。建筑物内使用手推车运输材料的，木门口应进行保护。各种大理石、水磨石及木制台板、踏步等在安装后要进行保护，避免磕碰。不准在各种成品地面上抹灰。铝合金门窗要及时粘贴保护膜，避免砂浆污染，并严防受到外力而变形。要教育全体施工人员爱护成品和半成品，禁止在建筑物上涂抹。每一道工序都要为下一道工序以至最终产品创造质量优良的条件。

（7）环境保护。施工中要注意环境保护，避免污染。注意控制和减少噪声扰民。多层高层建筑的垃圾、渣土应尽量使用临时垃圾筒漏下，或用灰斗、小车吊下，严禁自楼上向下抛撒，以免尘土飞扬。熬制沥青应采用无烟沥青锅，各种锅炉应有消烟除尘设备。含有水泥等污物的废水不得直接排出场外或直接排入市政污水管道，应在现场内设沉淀池，经沉淀后的废水方准排出。

运输水泥、白灰等散体材料以及清运渣土、垃圾时，必须采取严密遮盖、围护措施，不得到处遗撒、飞扬。进行土方机械作业的现场应注意装车不可过满，必要时应派专人将车上表面的浮土拍实。车辆出门前的道路应设置一段焦渣路面或铺上草袋，有条件的要用水冲刷车轮，防止车轮将泥砂带出场外。施工现场生活区要保持环境卫生，不乱扔乱倒废弃物，不随地吐痰，不随地大小便，不乱泼、乱倒脏水。

四、施工现场安全文明施工管理要点

1. 现场文明施工的基本要点

（1）对现场场容管理方面的要点。

1）工地主要人口要设置简朴规整的大门，门旁必须设立明显的标牌，标明工程名称、施工单位和工程负责人姓名等内容。

2）建立文明施工责任制，划分区域，明确管理负责人，实行挂牌制，做到现场清洁整齐。

3）施工现场场地平整，道路坚实畅通，有排水措施，基础、地下管道施工完后要及时回填平整，清除积土。

4）施工现场的临时设施，包括生产、办公、生活用房、仓库、料场、临时上下水管道以及照明、动力线路，要严格按施工组织设计确定的施工平面图布置、搭设或埋设整齐。

5）工人操作地点和周围必须清洁、整齐，做到活完脚下清、工完场地清，丢洒在楼梯、楼板上的砂浆混凝土要及时清除，落地灰要回收过筛后使用。

6）砂浆、混凝土在搅拌、运输、使用过程中，要做到不洒、不漏、不剩，使用地点盛放砂浆、混凝土必须有容器或垫板，如有洒、漏要及时清理。

7）施工现场不准乱堆垃圾及余物。应在适当地点设置临时堆放点，并定期外运。清运渣土垃圾及流体物品，要采取遮盖防漏措施，运送途中不得遗撒。

（2）对现场机械管理方面的要点。

1）现场使用的机械设备，要按平面布置规划固定点存放，遵守机械安全规程，经常保持机身及周围环境的清洁，机械的标记、编号明显，安全装置可靠。

2）在用的搅拌机、砂浆机旁必须设有沉淀池，不得将浆水直接排放下水道及河流等处。

3）总之，要从安全防护、机械安全、用电安全、保卫消防、现场管理、料具管理、环境保护、环境卫生等8个方面进行定期检查。每个方面的检查都有现场状况、管理资料和职工应知三个方面的内容。

（3）施工现场安全色标管理的要点。

1）安全色。安全色是表达信息含义的颜色，用来表示禁止、警告、指令、指示等，其作用在于使人们能迅速发现或分辨安全标志，提醒人们注意，预防事故发生。

2）安全标志。安全标志是指在操作人员容易产生错误，有造成事故危险的场所，为了确保安全所采取的一种标示。此标示由安全色、几何图形符号构成，是用以表达特定安全信息的特殊标志，设置安全标志的目的是为了引起人们对不安全因素的注意，预防事故的发生。

2. 文明施工的组织与管理的要点

（1）组织和制度管理。

1）施工现场应成立以项目经理为第一责任人的文明施工管理组织。分包单位应服从总包单位的文明施工管理组织的统一管理，并接受监督检查。

2）各项施工现场管理制度应有文明施工的规定，包括个人岗位责任制、经济责任制、安全检查制度、持证上岗制度、奖惩制度、竞赛制度和各项专业管理制度等。

3）加强和落实现场文明检查、考核及奖惩管理，以促进施工文明管理工作提高。检查范围和内容应全面周到，包括生产区、生活区、场容场貌、环境文明及制度落实等内容。检查发现的问题应采取整改措施。

（2）建立收集文明施工的资料及其保存的措施。

1）上级关于文明施工的标准、规定、法律法规等资料。

2）施工组织设计（方案）中对文明施工的管理规定，各阶段施工现场文明施工的措施。

3）文明施工教育、培训、考核计划的资料／文明施工活动各项记录资料。

（3）加强文明施工的宣传和教育。

在坚持岗位练兵基础上，要采取派出去、请进来、短期培训、上技术课、登黑板报、广播、看录像、看电视等方法狠抓教育工作，专业管理人员应熟悉掌握文明施工的规定。

五、安全事故的处理与调查

1. 常见伤亡事故的类型与处理。

（1）常见伤亡事故的类型。

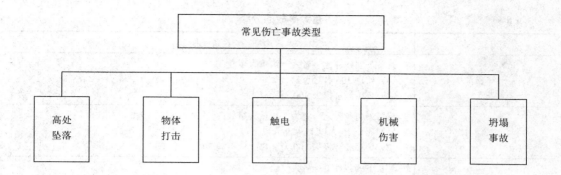

（2）常见伤亡事故的处理。

1）伤亡事故处理的程序如下。

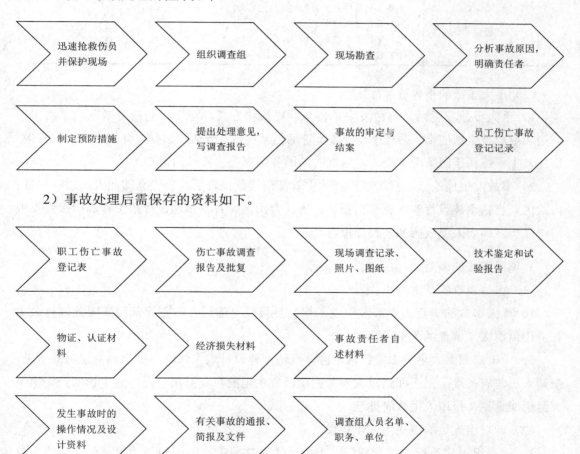

2）事故处理后需保存的资料如下。

2. 重大事故的分级和报告程序

（1）重大事故分级的内容见表8-9。

表 8-9 重大事故的分级

级 别	具备条件
一级	具备下列条件之一者为一级重大事故： （1）死亡 30 人以上。 （2）直接经济损失 300 万元以上
二级	具备下列条件之一者为二级重大事故： （1）死亡 10 人以上，29 人以下。 （2）直接经济损失 100 万元以上，不满 300 万元
三级	具备下列条件之一者为三级重大事故： （1）死亡 3 人以上，9 人以下。 （2）重伤 20 人以上。 （3）直接经济损失 30 万元以上，不满 100 万元
四级	具备下列条件之一者为四级重大事故： （1）死亡 2 人以下。 （2）重伤 3 人以上，19 人以下。 （3）直接经济损失 10 万元以上，不满 30 万元

（2）重大事故的报告程序如下：

1）重大事故发生后，事故发生单位必须以最快方式，将事故的简要情况向上级主管部门和事故发生地的市、县级建设行政主管部门及检察、劳动（如有人身伤亡）部门报告；事故发生单位属于国务院部委的，应同时向国务院有关主管部门报告。

2）事故发生地的市、县级建设行政主管部门接到报告后，应当立即向人民政府和省、自治区、直辖市建设行政主管部门报告；省、自治区、直辖市建设行政主管部门接到报告后，应当立即向人民政府和建设部报告。

3. 重大事故的调查

（1）事故调查的基本要求。

1）重大事故的调查由事故发生地的市、县级以上建设行政主管部门或国务院有关主管部门组织成立调查组负责进行。

2）一、二级重大事故由省、自治区、直辖市建设行政主管部门提出调查组组成意见，报请人民政府批准；三、四级重大事故由事故发生地的市、县级建设行政主管部门提出调查组组成意见，报请人民政府批准。

（2）调查组人员的组成与工作要求。

1）调查组由建设行政主管部门、事故发生单位的主管部门和劳动等有关部门的人员组成，并应邀请人民检察机关和工会派员参加。必要时，调查组可以聘请有关方面的专家协助进行技术鉴定、事故分析和财产损失的评估工作。

2）调查组有权向事故发生单位、各有关单位和个人了解事故的有关情况，索取有关资料，任何单位和个人不得拒绝和隐瞒。

3）事故处理完毕后，事故发生单位应当尽快写出详细的事故处理报告，按程序逐级上报。

六、专项施工方案的组成要素

专项施工方案编制过程中的组成要素如下：

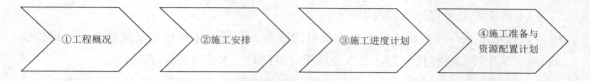

①工程概况　　②施工安排　　③施工进度计划　　④施工准备与资源配置计划

七、编制专项施工方案的具体要求

1. 工程概况

（1）工程概况应包括工程主要情况、设计说明和工程施工条件等。

（2）工程主要情况应包括分部（分项）工程或专项工程名称，工程参建单位的相关情况，工程的施工范围，施工合同、招标文件或总承包单位对工程施工的重点要求等。

（3）设计说明应主要介绍施工范围内的工程设计内容和相关要求。

（4）工程施工条件应重点说明与分部（分项）工程或专项工程相关的内容。

（5）装配式混凝土结构施工除了应编制相应的施工方案外，还应把专项施工方案进行细化，具体内容如下：①储存场地及道路方案；②吊装方案（叠合板的吊装、预制墙板的吊装、楼梯的吊装）；③叠合板的排架方案（独立支撑）；④转换层施工，钢筋的精确定位方案；⑤墙板的支撑方案（三角支撑）；⑥叠合层的浇筑、拼缝方案；⑦叠合层与后浇带养护方案；⑧注浆施工方案；⑨外挂架使用方案。

2. 施工安排

（1）工程施工目标包括进度质量、安全、环境和成本等目标，各项目标应满足施工合同、招标文件和总承包单位对工程施工的要求。

（2）工程施工顺序及施工流水段应在施工安排中确定。

（3）针对工程的重点和难点，进行施工安排并简述主要管理和技术措施。

（4）工程管理的组织机构及岗位职责应在施工安排中确定并应符合总承包单位的要求。

3. 施工进度计划

（1）分部（分项）工程或专项工程施工进度计划应按照施工安排，并结合总承包单位的施工进度计划进行编制。施工进度计划的编制应内容全面、安排合理、科学实用，在进度计划中应反映出各施工区段或各工序之间的搭接关系，施工期限和开始、结束时间。同时，施工进度计划应能体现和落实总体进度计划的目标控制要求；通过编制分部（分项）工程或专项工程进度计划体现总进度计划的合理性。

（2）施工进度计划可采用网络图或横道图表示，并附必要说明。

4. 施工准备与资源配置计划

（1）施工准备应包括下列内容。

1）技术准备：包括施工所需技术资料的准备、图纸深化和技术交底的要求、试验检验和测试工作计划、样板制作计划以及与相关单位的技术交接计划等；

2）现场准备：包括生产、生活等临时设施的准备以及与相关单位进行现场交接的计划等；

3）资金准备：编制资金使用计划等。

（2）资源配置计划应包括下列内容。

1）劳动力配置计划：确定工程用工量并编制专业种类劳动力计划表；

2）物资配置计划：包括工程材料和设备配置计划、周转材料和施工机具配置计划以及计量、测量和检验仪器配置计划等。

5. 施工方法及工艺要求

（1）明确分部（分项）工程或专项工程施工方法并进行必要的技术核算，对主要分项工程（工序）明确施工工艺要求。施工方法是工程施工期间所采用的技术方案、工艺流程、组织措施、检验手段等。它直接影响施工进度、质量、安全以及工程成本。本条所规定的内容应比施工组织总设计和单位工程施工组织设计的相关内容更细化。

（2）对易发生质量通病、易出现安全问题、施工难度大、技术含量高的分项工程（工序）等应做出重点说明。

（3）对开发和使用的新技术、新工艺以及采用的新材料、新设备应通过必要的试验或论证并制订计划。对于工程中推广应用的新技术、新工艺、新材料和新设备，可以采用目前国家和地方推广的，也可以根据工程具体情况由企业创新；对于企业创新的技术和工艺，要制定理论和试验研究实施方案，并组织鉴定评价。

（4）对季节性施工应提出具体要求。根据施工地点的实际气候特点，提出具有针对性的施工措施。在施工过程中，还应根据气象部门的预报资料，对具体措施进行细化。

八、主要施工管理计划的组成

主要施工管理计划主要涉及进度、质量、安全和成本等方面内容，具体内容如下：

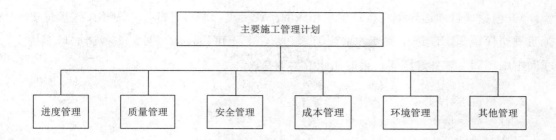

九、主要施工管理计划的具体内容

1. 进度管理计划

（1）项目施工进度管理应按照项目施工的技术规律和合理的施工顺序，保证各工序在时间上和空间上的顺利衔接。

不同的工程项目其施工技术规律和施工顺序不同。即使是同一类工程项目，其施工顺序也难以做到完全相同。因此必须根据工程特点，按照施工的技术规律和合理的组织关系，解决各工序在时间和空间上的先后顺序和搭接问题，以达到保证质量、安全施工、充分利用空间、争取时间、实现经济合理安排进度的目的。

（2）进度管理计划应包括下列内容。

1）对项目施工进度计划进行逐级分解，通过阶段性目标的实现保证最终工期目标的完成；在施工活动中通常是通过对最基础的分部（分项）工程的施工进度控制来保证各个单项（单位）工程或阶段工程进度控制目标的完成，进而实现项目施工进度控制总体目标；因而需要将总体进度计划进行一系列从总体到细部、从高层次到基础层次的层层分解，一直分解到在施工现场可以直接调度控制的分部（分项）工程或施工作业过程为止。

2）建立施工进度管理的组织机构并明确职责，制定相应管理制度；施工进度管理的组织机构是实现进度计划的组织保证；它既是施工进度计划的实施组织；又是施工进度计划的控制组织；既要承担进度计划实施赋予的生产管理和施工任务，又要承担进度控制目标，对进度控制负责，因此需要严格落实有关管理制度和职责。

3）针对不同施工阶段的特点，制定进度管理的相应措施，包括施工组织措施、技术措施和合同措施等。

4）建立施工进度动态管理机制，及时纠正施工过程中的进度偏差，并制定特殊情况下的赶工措施；面对不断变化的客观条件，施工进度往往会产生偏差；当发生实际进度比计划进度超前或落后时，控制系统就要做出应有的反应，分析偏差产生的原因，采取相应的措施，调整原来的计划，使施工活动在新的起点上按调整后的计划继续运行，如此循环往复，直至预期计划目标的实现。

5）根据项目周边环境特点，制定相应的协调措施，减少外部因素对施工进度的影响。项目周边环境是影响施工进度的重要因素之一，其不可控性大，必须重视诸如环境扰民、交通组织和偶发意外等因素，采取相应的协调措施。

2. 质量管理计划

质量管理计划应包括下列内容。

（1）按照项目具体要求确定质量目标并进行目标分解，质量指标应具有可测量性；应制定具体的项目质量目标，质量目标应不低于工程合同明示的要求；质量目标应尽可能地量化和层层分解到最基层，建立阶段性目标。

（2）建立项目质量管理组织机构并明确职责；应明确质量管理组织机构中各重要岗位的职责，与质量有关的各岗位人员应具备与职责要求匹配的相应知识、能力和经验。

（3）制定符合项目特点的技术保障和资源保障措施，通过可靠的预防控制措施，保证项目质量目标的实现；应采取各种有效措施，确保项目质量目标的实现；这些措施包含但不局限于：原材料、构配件、机具的要求和检验，主要的施工工艺、主要的质量标准和检验方法，夏期、冬期和雨期施工的技术措施，关键过程、特殊过程、重点工序的质量保证措施，成品、半成品的保护措施，工作场所环境以及劳动力和资金保障措施等。

（4）建立质量过程检查制度，并对质量事故的处理做出相应规定；按质量管理八项原则中的过程方法要求，将各项活动和相关资源作为过程进行管理，建立质量过程检查、验收以及质量责任制等相关制度，对质量检查和验收标准做出规定，采取有效的纠正和预防措施，保障各工序和过程的质量。

3. 安全管理计划

（1）安全管理计划应包括下列内容：①确定项目重要危险源，制定项目职业健康安全管理目标；②建立有管理层次的项目安全管理组织机构并明确职责；③根据项目特点，进行职业健康安全方面的资源配置；④建立具有针对性的安全生产管理制度和职工安全教育培训制度；⑤针对项目重要危险源，制定相应的安全技术措施；对达到一定规模的危险性较大的分部（分项）工程和特殊工种的作业应制订专项安全技术措施的编制计划；⑥根据季节、气候的变化制定相应的季节性安全施工措施。

（2）施工单位应对从事预制构件吊装作业及相关人员进行安全培训与交底，明确预制构件进场、卸车、存放、吊装、就位各环节的作业风险，并制定防止危险情况的处理措施。

（3）预制构件卸车时，应按照规定的装卸顺序进行，确保车辆平衡，避免由于卸车顺序不合理导致车辆倾覆。

（4）预制构件卸车后，应将构件按编号或按使用顺序，合理有序存放于构件存放场地，并应设置临时固定措施或采用专用插放支架存放，避免构件失稳造成构件倾覆。水平构件吊点进场时必须进行明显标识。构件吊装和翻身扶直时的吊点必须符合设计规定。异性构件或无设计规定时，应经计算确定并保证使构件起吊平稳。

（5）安装作业开始前，应对安装作业区进行围护并做出明显的标识，拉警戒线，并派专人看管，严禁与安装作业无关的人员进入。

（6）已安装好的结构构件，未经有关设计和技术部门批准不得用作受力支承点和在构件上随意凿洞开孔。不得在其上堆放超过设计荷载的施工荷载。

（7）对起吊物进行移动、吊升、停止、安装时的全过程应用旗语或者通用手势信号进行指挥，信号不明不得启动，上下相互协调联系应采用对讲机。

（8）吊机吊装区域内，非作业人员严禁进入。吊运预制构件时，构件下方严禁站人，应待预制构件降落至距地面 1m 以内方准作业人员靠近，就位固定后方可脱钩。

1）吊起的构件应确保在起重机吊杆顶的正下方，严禁采用斜拉、斜吊，严禁起吊埋于地下或黏结在地面上的构件。

2）开始起吊时，应先将构件吊离地面 200 ～ 300mm 后停止起吊，并检查起重机的稳定性、制动装置的可靠性、构件的平衡性和绑扎的牢固性等，待确认无误后，方可继续起吊。已吊起的构件不得长久停滞在空中。

（9）装配式结构在绑扎柱、墙钢筋时，应采用专用高凳作业，当高于围挡时，作业人员应佩戴穿芯自锁保险带。

（10）遇到雨、雪、雾天气，或者风力大于 5 级时，不得进行吊装作业。事后应及时清理冰雪并应采取防滑和防漏电措施。雨雪过后作业前，应先试吊，确认制动器灵敏可靠后方可进行作业。

1）已安装好的结构构件，未经有关设计和技术部门批准不得用作受力支承点和在构件上随意凿洞开孔。不得在其上堆放超过设计荷载的施工荷载。

2）对起吊物进行移动、吊升、停止、安装时的全过程应用旗语或者通用手势信号进行指挥，信号不明不得启动，上下相互协调联系应采用对讲机。

4. 成本管理计划

（1）成本管理计划应以项目施工预算和施工进度计划为依据编制。

（2）成本管理计划应包括下列内容。

1）根据项目施工预算，制定项目施工成本目标。

2）根据施工进度计划，对项目施工成本目标进行阶段分解。

3）建立施工成本管理的组织机构并明确职责，制定相应管理制度。

4）采取合理的技术、组织和合同等措施，控制施工成本。

5）确定科学的成本分析方法，制定必要的纠偏措施和风险控制措施。

（3）必须正确处理成本与进度、质量、安全和环境之间的关系；成本管理是与进度管理，质量管理，安全管理和环境管理等同时进行的，是针对整体施工目标系统所实施的管理活动的一个组成部分。在成本管理中，要协调好与进度、质量、安全和环境等的关系，不能片面强调成本节约。

5. 环境管理计划

（1）环境管理计划应包括下列内容。

1）确定项目重要环境因素，制定项目环境管理目标。

2）建立项目环境管理的组织机构并明确职责。

3）根据项目特点进行环境保护方面的资源配置。

4）制定现场环境保护的控制措施。

5）建立现场环境检查制度，并对环境事故的处理做出相应的规定。

6）一般来讲，建筑工程常见的环境因素包括以下内容：①大气污染；②垃圾污染；③光污染；④放射性污染；⑤生产、生活污水排放；⑥建筑施工中建筑机械发出的噪声和强烈的振动。

（2）现场环境管理应符合国家和地方政府部门的要求。

（3）预制构件运输过程中，应保持车辆整洁，防止对场内道路的污染，并减少扬尘。

（4）现场各类预制构件应分别集中存放整齐，并悬挂标识牌，严禁乱堆乱放，不得占用施工临时道路，并做好防护隔离。

（5）夹心保温外墙板和预制外墙板内保温材料，采用粘接板块或喷涂工艺的保温材料，其组成原材料应彼此相容，并应对人体和环境无害。

（6）预制构件施工中产生的粘接剂、稀释剂等易燃、易爆化学制品的废弃物应及时收集送至指定储存器内并按规定回收，严禁丢弃未经处理的废弃物。

（7）在预制构件安装施工期间，应严格控制噪声，遵守《建筑施工场界环境噪声排放标准》（GB 12523—2011）的规定，加强环保意识的宣传。采用有力措施控制人为的施工噪声，严格管理，最大限度地减少噪声扰民。

（8）现场各类材料分别集中堆放整齐，并悬挂标识牌，严禁乱堆乱放，不得占用施工临时道路，并做好防护隔离。

6. 其他管理计划

（1）其他管理计划宜包括绿色施工管理计划、防火保安管理计划、合同管理计划、组织协调管理计划、创优质工程管理计划、质量保修管理计划以及对施工现场人力资源、施工机具、材料设备等生产要素的管理计划等。

（2）其他管理计划可根据项目的特点和复杂程度加以取舍。

（3）各项管理计划的内容应有目标，有组织机构，有资源配置，有管理制度和技术、组织措施等。

参考文献

[1] 中华人民共和国住房和城乡建设部.建筑工程施工质量验收统一标准 [S]. 北京：中国建筑工业出版社，2013.

[2] 中华人民共和国建设部.建筑地基基础工程施工质量验收规范 [S]. 上海：中国计划出版社，2002.

[3] 中华人民共和国住房和城乡建设部.砌体结构工程施工质量验收规范 [S]. 北京：中国建筑工业出版社，2011.

[4] 中华人民共和国住房和城乡建设部.混凝土结构工程施工质量验收规范 [S]. 北京：中国建筑工业出版社，2011.

[5] 中华人民共和国住房和城乡建设部.屋面工程质量验收规范 [S]. 北京：中国建筑工业出版社，2012.

[6] 中华人民共和国住房和城乡建设部.地下防水工程质量验收规范 [S]. 北京：中国建筑工业出版社，2011.

[7] 土木在线.图解安全文明现场施工 [M]. 北京：机械工业出版社，2015.

[8] 北京建工集团有限责任公司.建筑分项工程施工工艺标准（上、下册）.第 3 版 [M]. 北京：中国建筑工业出版社，2008.

[9] 理想·宅编.一看就懂的装修施工书 [M]. 北京：中国电力出版社，2015.